Mohini Darji
Sachi Joshi
Yashesh Darji

Previsão da precipitação através de redes neuronais

Mohini Darji
Sachi Joshi
Yashesh Darji

Previsão da precipitação através de redes neuronais

ScienciaScripts

Cover image: www.ingimage.com

This book is a translation from the original published under ISBN 978-620-6-84399-3.

Publisher:
Sciencia Scripts
is a trademark of
Dodo Books Indian Ocean Ltd. and OmniScriptum S.R.L publishing group

120 High Road, East Finchley, London, N2 9ED, United Kingdom
Str. Armeneasca 28/1, office 1, Chisinau MD-2012, Republic of Moldova, Europe
Printed at: see last page
ISBN: 978-620-8-27143-5

Conteúdo

Resumo

A previsão exacta da precipitação é um problema difícil para os países dependentes da agricultura, como a Índia, para analisar a produtividade das culturas, a utilização dos recursos hídricos e o planeamento prévio dos recursos hídricos. As técnicas estatísticas de previsão da precipitação não são adequadas para a previsão da precipitação a longo prazo devido à natureza dinâmica dos fenómenos climáticos. O modelo ARMA só pode ser utilizado para dados de séries temporais estacionárias e para a previsão da precipitação a curto prazo. O modelo ARIMA é independente da diferença entre os resultados obtidos por observação e por cálculo através de uma fórmula. Além disso, estas técnicas não têm capacidade para identificar padrões não lineares e irregularidades nas séries cronológicas. As Redes Neuronais Artificiais (RNA) tornaram-se muito populares na previsão da precipitação. As RNA têm a capacidade de detetar relações não lineares complexas entre variáveis dependentes e independentes.

Esta dissertação apresenta questões relacionadas com a previsão de dados de precipitação diária, mensal e anual utilizando redes neuronais. O conjunto de dados de precipitação diária para as regiões de Navsari, S.K.Nagar e Anand é obtido e convertido em conjuntos de dados mensais e anuais para experiências. Este trabalho de dissertação testa experimentalmente as técnicas ARIMA, Feed Forward Neural Network (FFNN), Radial Basis Function Neural Network (RBFNN) e Time Delay Neural Network (TDNN) para a previsão da precipitação. Estas técnicas utilizam parâmetros de entrada como a evaporação, a velocidade do vento, a temperatura máxima, a temperatura mínima e a humidade relativa para a previsão da precipitação. A abordagem proposta utiliza o Algoritmo Genético (AG) para otimizar os enviesamentos e os pesos da rede neural. Os resultados do modelo ARIMA são comparados com os resultados obtidos utilizando três modelos de redes neurais. A partir dos resultados, verifica-se que as técnicas de redes neuronais tiveram um bom desempenho em comparação com o modelo ARIMA. O modelo GA-TDNN é treinado com o algoritmo Back Propagation e apresenta um melhor desempenho do que os outros modelos NN. O modelo GA-TDNN alcançou uma precisão de previsão da precipitação mensal de 89,83%, 81,38% e 91,32% para as regiões de Anand, Navsari e S.K.Nagar, respetivamente. Na previsão anual, o modelo alcançou uma exatidão de 87,87%, 87,86% e 70,13% para as regiões de Anand, Navsari e S.K.Nagar, respetivamente.

CAPÍTULO I

1. Introdução

1.1 Introdução ao problema de investigação

Uma previsão exacta da precipitação é crucial para países dependentes da agricultura, como a Índia, a China, a Austrália, o Paquistão e o Irão. Além disso, a previsão também ajuda na prevenção de inundações e na gestão dos recursos hídricos. As variações na altura e na quantidade de precipitação têm um impacto potencial no rendimento agrícola. O conhecimento prévio do comportamento da precipitação pode ajudar os agricultores indianos e também os decisores políticos a tirar partido da boa precipitação e a minimizar os danos nas culturas.

Os dois métodos seguintes [1] são utilizados para a previsão da precipitação: Métodos estatísticos e modelo de Previsão Numérica do Tempo (NWP). No entanto, os métodos estatísticos (como o modelo ARIMA) não podem gerar bons resultados para processos não lineares porque os métodos estatísticos são desenvolvidos com base no pressuposto de uma série temporal linear. Assim, os modelos estatísticos não conseguem identificar claramente padrões não lineares e irregularidades nas séries. As limitações dos modelos de PNT afectam particularmente as previsões de elementos meteorológicos locais, como nuvens, nevoeiro, precipitação elevada e picos de vento forte.

Os investigadores utilizaram diferentes técnicas de computação flexível, como o algoritmo genético, a RNA e a lógica difusa, para a previsão da precipitação. No entanto, muitos investigadores preferiram utilizar a RNA para a previsão da precipitação porque 1) a RNA é um modelo baseado em dados e não exige pressupostos restritivos sobre a forma do modelo básico. 2) As RNA também podem prever o padrão que não é fornecido durante o treino (generalização). 3) A RNA é muito eficiente no treinamento de amostras de grande porte devido ao seu processamento paralelo de informações. 4) A RNA tem a capacidade de detetar todas as interações possíveis entre as variáveis de previsão. 5) A RNA tem a capacidade de detetar implicitamente relações não lineares complexas entre variáveis dependentes e independentes.

A previsão da precipitação pode ser efectuada utilizando outros modelos para além da RNA, nomeadamente AR (Auto Regressivo), MA (Média Móvel), ARMA [2] (Média Móvel Auto Regressiva), ARIMA [3] (Média Móvel Integrada Auto Regressiva) e Regressão Múltipla. O padrão de precipitação é de natureza não linear. A intensidade da precipitação é definida como o rácio entre a quantidade total de precipitação durante um determinado período e a duração desse período. A intensidade e a duração da precipitação estão geralmente relacionadas de forma inversa, ou seja, as tempestades de alta intensidade são susceptíveis de ter uma duração curta e as tempestades de baixa intensidade podem ter uma duração longa. A intensidade da precipitação é classificada em três categorias, de acordo com a taxa de precipitação: 1) Chuva fraca 2) Chuva moderada 3) Chuva forte. A quantidade, a frequência e a intensidade são as três principais caraterísticas das séries cronológicas de precipitação. Estes valores variam de local para local, de dia para dia, de mês para mês e também de ano para ano. Cada modelo tem algumas limitações. O modelo AR regride contra os valores passados da série. O modelo MA utiliza o erro passado como variável explicativa. Tanto o modelo AR como o MA são adequados para desenvolver modelos para séries temporais univariadas. O termo AR apenas indica o número de observações desfasadas linearmente correlacionadas e não é adequado para os dados com relações não lineares.

Os modelos AR e MA podem ser combinados para formar uma classe geral e útil de modelos de séries temporais conhecida como modelo ARMA. O modelo ARMA só pode ser utilizado para dados de séries temporais estacionárias e para a previsão de precipitação a curto prazo. O modelo ARIMA é independente da diferença entre os resultados obtidos por observação e por cálculo a partir de uma fórmula. O modelo ARIMA é construído com três variáveis, como ARIMA (p, d, q), em que d significa diferenciação, p significa auto-regressivo e q significa média móvel. Dois parâmetros p e q são escolhidos através do exame da função de autocorrelação e da função de autocorrelação parcial da série cronológica. Além disso, estas abordagens não têm capacidade para identificar padrões não lineares e irregularidades nas séries cronológicas.

Os modelos de regressão múltipla não linear e linear também são utilizados para a previsão da precipitação. Todas as técnicas de regressão permitem apenas determinar as relações, mas nunca ter a certeza do mecanismo causal subjacente. O número de observações é relativamente baixo neste modelo. Existem algumas limitações nas abordagens de regressão, tais como a inter-relação, a observação extrema e numerosas relações colineares e não lineares entre variáveis dependentes e independentes. Para as séries temporais estacionárias (lineares), as RNA têm o melhor desempenho global do que os métodos tradicionais; para as séries não estacionárias (não lineares), as RNA são quase muito melhores do que as ARIMA [3, 4]. O método tradicional não é fácil de construir e utilizar. Assim, a RNA fornece bons resultados para dados lineares do que o método tradicional. O método tradicional não funciona com dados não lineares. No caso dos dados não lineares, o método tradicional fornece uma precisão pior.

Para séries de memória longa, os modelos ANN e ARIMA estão a gerar os mesmos resultados; para séries de memória curta, os ANN estão a gerar melhores resultados [4]. O ARIMA é geralmente superior às técnicas de alisamento exponencial quando os dados são razoavelmente longos e a correlação entre as observações passadas é estável. Se os dados forem curtos ou altamente voláteis, então algum método de suavização pode ter um desempenho melhor. Se não tiver pelo menos 38 pontos de dados, deve considerar outro método que não o ARIMA. A previsão utilizando um método ANN pode ser efectuada em qualquer situação de dados (sem limitações) com base na formação inicial. No entanto, as redes neurais podem ter uma arquitetura diferente, que depende do número de camadas, da função de ativação, dos dados de treino e de teste, do algoritmo de treino e do feedback de controlo.

1.2 Motivação para o trabalho de investigação

A precipitação é um fenómeno climático natural cuja previsão é difícil e exigente. A sua previsão é de particular relevância para o sector agrícola, que contribui significativamente para a economia do país. À escala mundial, foram feitas numerosas tentativas para prever o seu padrão de comportamento utilizando várias técnicas. Além disso, os parâmetros meteorológicos necessários para a previsão da precipitação são complexos e não lineares por natureza.

Existem várias áreas de aplicação que motivam a investigação neste sentido, nomeadamente a produtividade das culturas, os recursos hídricos, a prevenção de inundações e o planeamento prévio dos recursos hídricos. As variações no momento e na quantidade de precipitação têm um impacto potencial no rendimento agrícola. O conhecimento prévio do comportamento da precipitação pode ajudar os agricultores indianos e também os decisores políticos a tirar partido de uma boa precipitação e a minimizar os danos nas culturas.

Os desafios na aplicação de diferentes tipos de NN para modelar dados de precipitação anual, mensal e semanal são a previsão negativa, a seleção da entrada e a deteção de picos, o sobreajuste, a divisão dos dados em treino e teste, a seleção das camadas ocultas, a seleção do parâmetro de entrada e a seleção da função de ativação.

A maior parte dos investigadores utilizou a RNA e o modelo tradicional para a previsão da precipitação. Discutiram apenas os passos da previsão da precipitação e compararam o resultado da arquitetura das redes neuronais com o método tradicional. No entanto, discutimos questões relacionadas com dados mensais/diários/anuais, questões relacionadas com a aplicação de diferentes redes neuronais para a previsão da precipitação mensal/diária/anual e também fornecemos uma comparação detalhada da arquitetura das redes neuronais.

Este trabalho pode ser útil para outros investigadores na identificação de problemas durante a aplicação de diferentes redes neuronais para a previsão da precipitação mensal/diária/anual. A comparação detalhada das arquitecturas das redes neuronais pode ajudar os principiantes a selecionar a arquitetura NN adequada.

1.3 Objectivos e âmbito do trabalho de investigação

Objetivo

O principal objetivo do presente trabalho é implementar, conceber e comparar as redes neurais ARIMA, Feed Forward Neural Network, Time Delay Neural Network e Radial Basis Function Neural Network para a previsão da precipitação. Utilizámos o Algoritmo Genético (AG) para otimizar os pesos e as tendências da rede neural.

Âmbito de aplicação

O objetivo do nosso trabalho é prever a precipitação mensal e anual na região de S.K.Nagar, Anand e Navsari. Os parâmetros que podem ser utilizados na previsão são a velocidade do vento, a evaporação, a temperatura máxima e mínima e a humidade relativa.

CAPÍTULO II

2. Teoria de fundo

Neste capítulo, é abordado o conceito de rede neural artificial, a comparação de diferentes arquitecturas de redes neurais, ARIMA, GA e questões relacionadas com a previsão da precipitação.

2.1 Noções básicas de rede neural artificial

O cérebro humano é um sistema de processamento de informação altamente não linear e complexo. Uma rede neuronal é um processador distribuído maciçamente paralelo, constituído por unidades de processamento simples, que tem uma propensão natural para armazenar conhecimento experimental e torná-lo disponível para utilização [5]. O neurónio funciona como o cérebro humano; pode receber inputs, processá-los e produzir o output relevante. A rede neuronal oferece vantagens como a não linearidade, o mapeamento de entradas e saídas, a adaptabilidade, a resposta probatória, a informação contextual e a tolerância a falhas. Os três componentes básicos do modelo de rede neural são: um conjunto de ligações, uma função de ativação e uma polarização, designada por bk. A figura 1 mostra o modelo não linear da RNA.

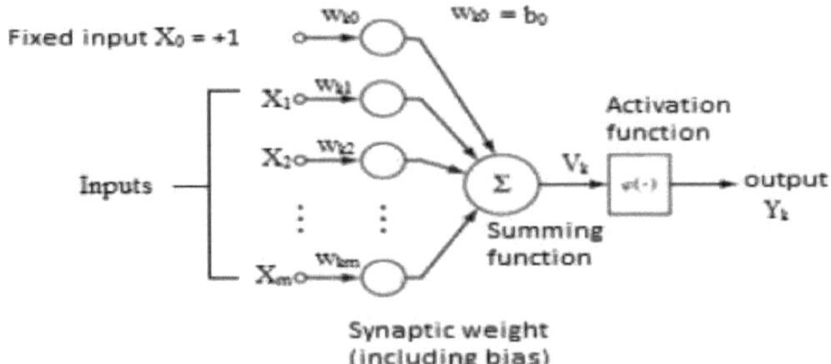

Figura 1 Modelo não linear da RNA [5]

A entrada da rede aplicada na junção de soma pode ser escrita como:

$$u_k = \sum_{j=1}^{m} w_{kj} x_j \qquad (1)$$

e

$$v_k = u_k + b_k \qquad (2)$$

A entrada da rede é então aplicada a uma função de ativação, cujo principal objetivo é proporcionar não linearidade ao modelo e ajudar a obter uma saída exacta. A saída do k-ésimo neurónio é:

$$y_k = \varphi(u_k + b_k) \qquad (3)$$

Uma rede de neurónios de uma ou várias camadas é formada quando um neurónio se liga a outros neurónios através de uma ligação. Uma RNA multicamadas contém 3 camadas: uma camada de entrada, uma camada de saída e uma ou mais camadas ocultas. A camada oculta efectua cálculos intermédios úteis antes de passar a entrada para a camada de saída. Quando um modelo é construído para uma aplicação específica, o treino do modelo é feito utilizando entradas e os objectivos correspondentes até aprender a relacionar uma determinada entrada com uma saída. Um modelo é treinado até que a alteração do peso no ciclo de treino atinja um valor mínimo. Após o treino, o modelo é testado para verificar se produz resultados exactos ou não. As redes multicamadas são capazes de memorizar dados devido ao grande número de pesos sinápticos disponíveis na rede.

2.2 Tipos de redes neurais

1. Rede neural feed forward (FFNN)

As entradas da rede correspondem aos atributos medidos para cada tupla de treino. As entradas são introduzidas simultaneamente nas unidades que constituem a camada de entrada. Em seguida, são ponderadas e alimentadas simultaneamente numa camada oculta. O número de camadas ocultas é arbitrário, embora normalmente seja apenas uma. As saídas ponderadas da última camada oculta são introduzidas nas unidades que constituem a camada de saída, que emite a previsão da rede. A rede é do tipo "feed-forward", ou seja, nenhum dos pesos retorna a uma unidade de entrada ou a uma unidade de saída de uma camada anterior.

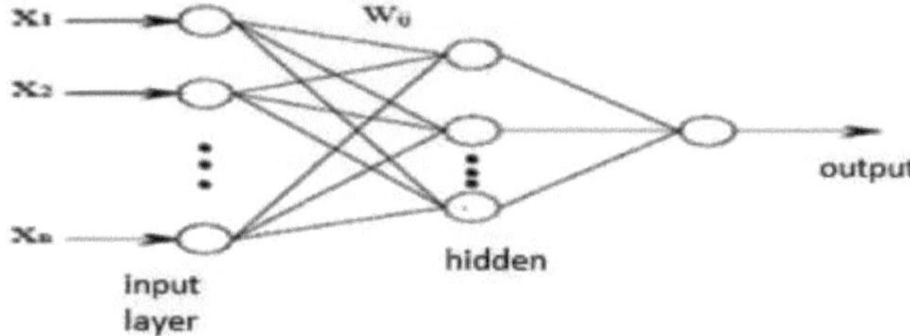

Figura 2 Rede neural feed forward

O MFNN foi treinado utilizando o algoritmo de aprendizagem Back Propagation. O algoritmo de retropropagação aprende da mesma forma que um único perceptrão. É apresentado à rede um conjunto de padrões de entrada para treino. A rede calcula o seu padrão de saída e, se houver um erro - ou, por outras palavras, uma diferença entre os padrões de saída reais e desejados - os pesos são ajustados para reduzir esse erro. Por vezes, pode ocorrer um problema de sobreajuste devido a um fraco desempenho ou ao número de parâmetros. Estas redes neuronais requerem um maior número de ciclos de aprendizagem. A velocidade de computação está a aumentar, em resultado da estrutura paralela.

2. Rede Neuronal Recorrente (RNN)

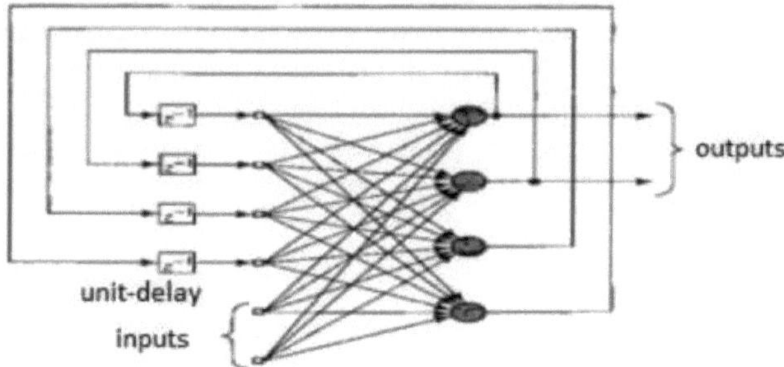

Figura 3 Rede Neuronal Recorrente

A FFNN é acíclica, em que os dados passam dos nós de entrada para os nós de saída e não vice-versa. Quando a FFNN é treinada, o seu estado é fixo e não se altera à medida que lhe são apresentados novos dados. Não tem memória. As redes recorrentes podem ter ligações que retrocedem dos nós de saída para os de entrada e modelam sistemas dinâmicos. Desta forma, o estado interno de uma rede recorrente pode ser alterado à medida que são apresentados conjuntos de dados de entrada. Pode dizer-se que tem memória. É útil na resolução de problemas em que a solução depende não só das entradas actuais, mas também de todas as saídas anteriores. Requer um menor número de camadas ocultas. Na RNN, o treino é mais difícil. O desempenho pode ser problemático com esta arquitetura. As saídas estáveis podem ser mais difíceis de avaliar.

3. Rede Neuronal de Atraso Temporal (TDNN)

A rede neural de atraso temporal funciona com dados sequenciais. Na TDNN, as entradas de qualquer nó podem consistir nas saídas de nós anteriores, não só durante o passo de tempo atual, mas também durante um número d de passos de tempo anteriores (t-1,t-2,...,t-d). As ligações têm atrasos de tempo de diferentes durações. Estes atrasos adiam o reencaminhamento da ativação de uma unidade para outra unidade. Em cada passo de tempo, um único elemento de sequência é introduzido na entrada, mas a previsão da rede tem em conta os elementos de sequência anteriores. Enquanto vários atrasos temporais na entrada formam uma janela temporal, outro conjunto de atrasos temporais ao nível da camada oculta duplica o efeito.

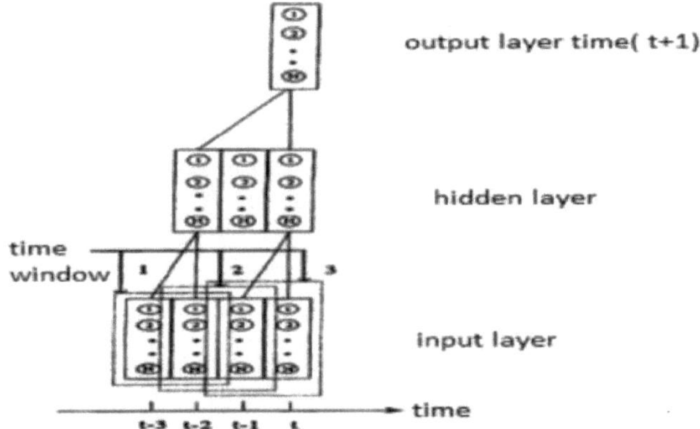

Figura 4 Rede Neuronal com Atraso de Tempo

A TDNN [7] é essencialmente uma rede feed forward, mas as ligações entre camadas são diferentes. Essencialmente, uma camada é dividida em vários grupos e, em seguida, cada grupo é ligado separadamente à camada seguinte. Este método utiliza um menor número de parâmetros. A TDNN gera os melhores resultados para as caraterísticas locais, que não têm uma posição fixa no tempo. Os nós ocultos são capazes de detetar caraterísticas locais dentro do intervalo dos atrasos.

4. Rede neural de função de base radial (RBFNN)

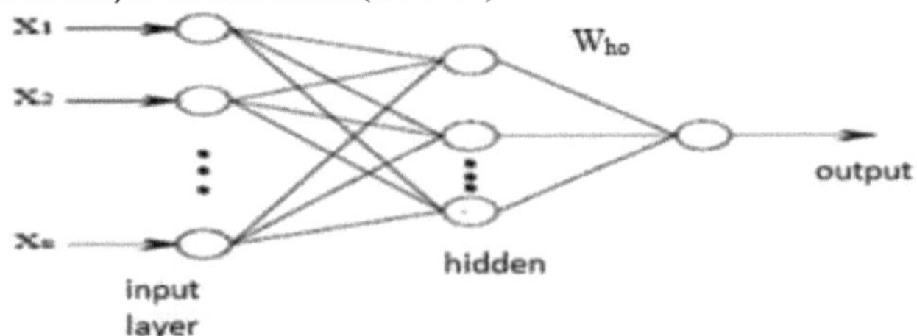

Figura 5 Rede neural de função de base radial

A arquitetura básica de uma RBF é uma rede de 3 camadas, como se mostra na Fig. 5. A camada de entrada é simplesmente uma camada de fan-out e não efectua qualquer processamento. A segunda camada, ou camada oculta, efectua um mapeamento não linear do espaço de entrada para um espaço (normalmente) de dimensão superior, no qual os padrões se tornam linearmente separáveis. A camada final efectua uma soma ponderada simples com uma saída linear.

A caraterística única da rede RBF é o processo efectuado na camada oculta. Se os centros destes clusters forem conhecidos, então a distância ao centro do cluster pode ser medida. Além disso, esta medida de distância é feita de forma não linear, de modo que, se um padrão se encontrar numa área próxima do centro de um agrupamento, obtém-se um valor próximo de 1. A função de base radial mais comummente utilizada é uma função gaussiana. Numa rede RBF, r é a distância ao centro do agrupamento. A distância medida a partir do centro do agrupamento é normalmente a distância euclidiana.

2.3 Comparação de diferentes arquitecturas de redes neuronais

Na previsão da precipitação, são utilizadas várias redes neuronais, como a rede neuronal de avanço multicamada (MLFN), a rede neuronal recorrente (RNN) e a rede neuronal de atraso temporal (TDNN). O quadro 1 apresenta uma comparação entre a rede neural multicamada feed forward, a rede neural recorrente e a rede neural de atraso temporal em função de diferentes parâmetros, como dados, memória de treino, atraso, ligação necessária, velocidade de aprendizagem, etc.

T Quadro 1 Comparação dos diferentes tipos de redes neuronais

Parâmetro	MLFN	RNN	TDNN
Dados	Binário, contínuo	Paralelo, sequencial	Sequencial
Determinação do desfasamento formação	Não é necessário	Não é necessário	Necessário
Memória interna	Não é necessário	Necessário	Necessário
Estático/Dinâmico	Estático	Dinâmico	Dinâmico
Número de ligação	Menos ligações	Mais ligação	Mais ligação
Feedback/feed forward	Avanço	Feedback (loops)	Avanço
Atraso	Sem atraso na escuta	Linha de atraso com derivação (passado	Linha de atraso com derivação (as entradas anteriores são
		saída estão disponíveis)	explicitamente disponível)
Velocidade de aprendizagem	Lento	Rápido	Moderado

2.4 Média Móvel Integrada Auto Regressiva (ARIMA)

Os modelos ARIMA são modelos de regressão que utilizam valores desfasados da variável dependente e/ou termo de perturbação aleatório como variáveis explicativas. Os modelos ARIMA baseiam-se fortemente no padrão de autocorrelação dos dados. Este método aplica-se tanto a dados não sazonais como a dados sazonais. Este modelo tem 5 etapas iterativas:

1) Verificação da estacionariedade e diferenciação

Se a série cronológica for estacionária, pode ser aplicado o modelo ARIMA. Encontrar a diferença com base em dados lineares ou não lineares. ex. Se os dados forem lineares, tomamos a diferença d=0. Caso contrário, tomamos d=1 ou 2.

2) Identificação do modelo

O modelo determina os valores adequados de p, d e q utilizando a ACF e a PACF. (p é a ordem AR, d é a diferença, q é a ordem MA).

3) Estimativa de parâmetros

O modelo estima um modelo ARIMA utilizando valores de p, d, & q.

4) Verificação de diagnóstico

O modelo verifica os resíduos ou o ruído do modelo ARIMA estimado.

5) Previsão

O modelo produz previsões fora da amostra ou reserva os últimos pontos de dados para previsões dentro da amostra.

2.5 Técnica de otimização: Algoritmo Genético (GA)

O AG é um procedimento de pesquisa global que procura de uma população de pontos para outra. Como o algoritmo recolhe continuamente amostras do espaço de parâmetros, a pesquisa é direcionada para a área da melhor solução até ao momento. Este algoritmo tem demonstrado um desempenho extremamente bom na obtenção de soluções globais para funções não lineares difíceis. A aplicação do AG a uma função não linear particularmente complexa, a RNA, também demonstrou dominar outros algoritmos de pesquisa mais comummente utilizados.

Para a otimização dos pesos e das polarizações das redes neuronais, os investigadores utilizaram muitas técnicas, como a otimização por enxame de partículas, a otimização por colónia de formigas e o algoritmo genético. O AG é um método de pesquisa geral estocástico. Procede de forma iterativa, gerando novas populações de indivíduos a partir das antigas. Cada indivíduo é a versão codificada (binária, real, etc.) de uma solução provisória. O algoritmo canónico aplica operadores estocásticos como a seleção, o cruzamento e a mutação a uma população inicialmente aleatória, a fim de calcular uma nova população. Nos AGs geracionais, toda a população é substituída por novos indivíduos.

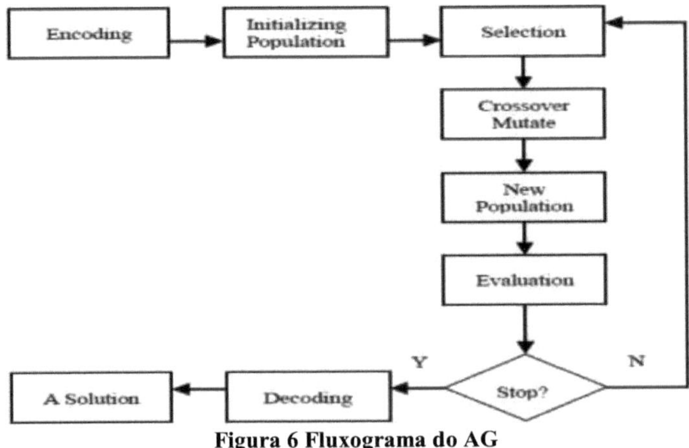

Figura 6 Fluxograma do AG

Nos AG em estado estacionário (utilizados neste trabalho), apenas é criado um novo indivíduo, que substitui o pior da população se for melhor. O algoritmo genético utiliza três tipos principais de regras em cada passo para criar a geração seguinte a partir da população atual:

- *As regras de seleção* selecionam os indivíduos, chamados *pais,* que contribuem para a população na geração seguinte.
- *As regras de cruzamento* combinam dois progenitores para formar filhos para a geração seguinte.
- *As regras de mutação* aplicam alterações aleatórias a pais individuais para formar filhos.

2.6 Questões relacionadas com a previsão da precipitação

Os desafios nos dados anuais, mensais e semanais são os seguintes. Nos dados de precipitação anual, não existe um método simples para determinar os parâmetros de precipitação, como a velocidade do vento, a humidade e a temperatura do solo, etc. Um número demasiado pequeno ou demasiado grande de parâmetros de entrada pode afetar a capacidade de aprendizagem ou de previsão da rede. O utilizador não pode utilizar o mesmo modelo durante um longo período de tempo porque os parâmetros variam de dia para dia, de mês para mês e de ano para ano.

A seleção dos parâmetros de entrada da RNA depende do território (região/estado), da topografia da região (por exemplo, florestas, montanhas e mar), da quantidade e intensidade da precipitação. Para os dados anuais, os investigadores utilizaram parâmetros de entrada como a temperatura máxima e mínima, a humidade e a pressão à superfície do mar. Para os dados mensais, os investigadores [2, 4, 24, 25, 26, 27, 30, 31, 32, 33] utilizaram parâmetros de entrada como a temperatura máxima e mínima, enquanto outros utilizaram a velocidade do vento e a humidade relativa para além da temperatura máxima e mínima. Para os dados semanais, os investigadores [19] utilizaram parâmetros de entrada como a temperatura máxima, a temperatura mínima, a humidade relativa (7h, 14h), a evaporação do ar, a luz solar intensa, enquanto outros [2, 3, 4, 24, 25, 26, 27, 30, 31, 32, 33] utilizaram a velocidade do vento, a humidade relativa, a temperatura máxima e a temperatura mínima.

CAPÍTULO III

3. Revisão da literatura

Foram muitos os investigadores que tentaram efetuar a previsão da precipitação. As abordagens para a previsão da precipitação podem ser divididas em três categorias com base no período de tempo para o qual a previsão é efectuada: curto prazo, médio prazo e longo prazo. Neste capítulo, é abordada a pesquisa bibliográfica sobre a previsão de precipitação mensal, a pesquisa bibliográfica sobre a previsão de precipitação anual e a pesquisa bibliográfica sobre a previsão de precipitação mensal e diária.

3.1 Estudo bibliográfico sobre a previsão da precipitação mensal

G.Geetha e R.Selvaraj [1] previram a precipitação mensal de Chennai utilizando RNA. Sugeriram que, para uma previsão exacta dos valores de pico da precipitação, são necessários mais parâmetros de entrada. Em [9], foi efectuada a previsão da precipitação mensal na região de Kerala. A ferramenta de rede neural ABF foi melhor do que o algoritmo de retropropagação. A rede neural ABF utilizou uma função sigmoide variável. Baseava-se num pressuposto restritivo e não utilizava dados em falta. Concluíram que era uma ferramenta melhor do que a análise de Fourier.

J. Abbot e J. Marohasy [10] previram a precipitação mensal na Austrália utilizando uma rede neural recorrente com atraso temporal (TDRNN). Utilizaram parâmetros de entrada como a precipitação mensal, índices climáticos, temperatura atmosférica e dados solares (números de manchas solares e irradiância solar total). Em [7], os autores aplicaram a RNA para prever a precipitação média no distrito de Udipi, em Karnataka. Mostraram que o algoritmo de retropropagação (ABP) era melhor do que a camada recorrente e a retropropagação em cascata. Concluíram que, à medida que o número de neurónios ocultos aumenta na RNA, o MSE de um modelo diminui.

K.Htike e O.Khalifa [12] conceberam quatro Redes Neuronais Focadas no Atraso Temporal (FTDNN) diferentes para a previsão da precipitação utilizando dados de precipitação anuais, bianuais, trimestrais e mensais. O modelo FTDNN que utiliza um conjunto de dados de precipitação anual apresentou os resultados mais exactos no conjunto de dados de treino. M.Sharma e J.Singh [13] previram a precipitação semanal em Pantnagar. Utilizaram parâmetros meteorológicos como a precipitação, a temperatura máxima e mínima e a humidade relativa às 7.00 e às 14.00 horas. As técnicas ANN obtiveram um erro de previsão mínimo e uma diferença média mínima em comparação com os modelos de regressão linear múltipla.

Estudo bibliográfico sobre a previsão da precipitação anual

Em [14], foi efectuada a previsão da precipitação anual na região de Kerala. Utilizaram a rede neural ABF para a previsão da precipitação. Concluíram que era uma ferramenta melhor do que a análise de Fourier. G.Shrivastava et al. [15] conceberam a BPN para a previsão a longo prazo da precipitação das monções numa pequena região da Índia. Concluíram que o BPN é adequado para a identificação da dinâmica interna da precipitação de monção altamente dinâmica.

R. Deshpande [16] verificou que, para uma previsão com um passo em frente maior, o desempenho da rede multicamadas é melhor do que o de todas as outras redes consideradas (rede neural de Jordan Elman, mapa de caraterísticas auto-organizado e RNN), embora inicialmente tenha verificado que, para valores pequenos de passo em frente, a rede de Jordon Elman dava bons resultados. P.Goswami e Srividya [17] combinaram caraterísticas da RNN e da TDNN. Concluíram que estes modelos proporcionam uma melhor precisão do que os modelos RNN e TDNN isolados. Utilizaram parâmetros meteorológicos como a precipitação mensal, índices climáticos, temperatura atmosférica e dados solares.

P.Guhathakurta [18] previu a precipitação para 2, 5, 10, 15 anos e concebeu um modelo a partir do ponto de vista da viabilidade. Utilizaram uma única variável como parâmetro de entrada na previsão da precipitação. S.Nanda et al. [2] previram a precipitação utilizando um modelo estatístico complexo ARIMA (1, 1, 1) e três tipos diferentes de modelos de RNA, MLP, FLANN (Rede Neural Artificial de Ligação Funcional) e LPE (Equação Polinomial de Legendre). Através da comparação de diferentes modelos de RNA para a análise de séries cronológicas, verificou-se que o modelo FLANN dá melhores resultados de previsão do que o modelo ARIMA com menos erros AAPE.

S.Chattopadhyay [19] desenvolveu um modelo ANN para a previsão da precipitação na Índia. Utilizaram um algoritmo de gradiente conjugado decente. Este algoritmo proporcionou uma melhor precisão do que o algoritmo de retropropagação. S. Chattopadhyay et al. [20] utilizaram um modelo RNA para a previsão da precipitação utilizando dois parâmetros de entrada: 1) temperatura mínima e 2) temperatura máxima. A computação suave, como a RNA, pode ser muito útil na previsão da precipitação das monções na Índia.

3.2 Estudo bibliográfico sobre a previsão da precipitação mensal e diária

A.K.Sahai [4] discutiu a questão das alterações na previsibilidade das monções. Vários investigadores observaram que, com o passar do tempo, as relações entre vários factores de previsão e a monção indiana se alteraram, conduzindo a alterações na previsibilidade das monções. Muitos autores estudaram o comportamento epocal do sistema das monções e a sua relação com os parâmetros de teleconexão. Mostraram que o sistema das monções tem uma variabilidade à escala decenal em termos de previsibilidade, independentemente de qualquer teleconexão, uma vez que neste estudo utilizámos apenas séries cronológicas de precipitação das monções. Mostraram que o sistema de monções tem uma variabilidade à escala decadal na previsão. Utilizaram parâmetros meteorológicos como a temperatura máxima e a temperatura mínima. Utilizaram a técnica FFNN para a previsão da precipitação. Obteve melhores resultados do que a técnica estatística convencional.

S.Chattopadhyaya et al [21] treinaram MLP através de momentum, Conjugate Gradient decent (CGD), e Levenberg-Marquardt (LM) learning. A previsão global foi afetada pela existência de alguns grandes erros de previsão. Estes erros de previsão são resolvidos recorrendo a técnicas de computação suave, como o algoritmo genético e a lógica difusa.

S.Chattopadhyay [22] utilizou uma RNA com aprendizagem por retropropagação e aplicou-a para prever a precipitação média das monções de verão na Índia. O desempenho do modelo foi comparado com dois modelos estatísticos habituais e a RNA forneceu um erro de previsão inferior ao do modelo de regressão linear múltipla. Em [23], utilizou-se um modelo empírico para a previsão da precipitação. Mas os modelos empíricos têm algumas limitações no que respeita ao cumprimento de alguns dos requisitos. Por isso, é necessário melhorar a capacidade do modelo dinâmico.

Em [24], as redes neurais de avanço múltiplo são treinadas utilizando o algoritmo EBP (Error Back Propagation) e podem ser efetivamente utilizadas para prever a precipitação da monção do verão indiano. Foram analisados três modelos de rede com dois, três e dez parâmetros de entrada. A rede neural multicamada treinada com o algoritmo EBP forneceu resultados quase exactos.

Em [25], a Rede Neuronal Artificial Modular (MANN) foi associada a técnicas de pré-processamento de dados. Estas técnicas permitiram melhorar a previsão da precipitação utilizando quatro séries da Índia e da China, duas mensais e duas diárias. O desempenho da MANN foi comparado com três outros modelos, LR, K-NN e ANN. Em termos de previsão da precipitação, o MANN, juntamente com a SSA (Análise Espectral Singular), efectuou boas previsões globais para as séries de precipitação diárias.

C. Wu [26] utilizou modelos modulares associados a técnicas de pré-processamento de dados para a previsão da precipitação. A RNA treinada com a ajuda de MA ou SSA foi capaz de melhorar a generalização da RNA e fornecer uma intensidade média ou alta aos padrões de precipitação. V. Singh et al. [27] previram a precipitação em toda a Índia. À medida que o número de neurónios ocultos aumenta no modelo, o erro diminui até um certo limite. Depois de um certo limite, os erros aumentam no modelo devido ao ruído que se instala na rede. Quanto maior o número de neurónios ocultos, maior a não linearidade dos dados.

Em [28], o modelo ANN foi utilizado para a previsão e classificação da precipitação. Modificaram o algoritmo de retropropagação, que era mais robusto do que o algoritmo de retropropagação simples. A RNA forneceu uma precisão entre 80 e 90%. Em [29], foi utilizado um modelo estatístico para a previsão da precipitação em Anand, S.K.Nagar e Navsari. Utilizaram diferentes parâmetros de entrada para diferentes estações. Foram utilizados dados meteorológicos mensais de 30 anos de Anand (1980-2009), 22 anos (1987-2009) de Navsari e 27 anos (1983-2009) de SK Nagar. Foram obtidos quatro modelos: dois para Anand (centro de Gujarat) e um para SK Nagar (norte de Gujarat) e Navsari (sul de Gujarat).

V. pandey et al [30] utilizaram a técnica de regressão múltipla para prever a precipitação em três estações do estado de Maharashtra. Utilizaram parâmetros de entrada como a temperatura máxima, a temperatura mínima, a humidade relativa matinal, a velocidade do vento, as horas de sol brilhante, a evaporação e a precipitação. Os modelos para cada estação foram selecionados com base nos valores mais elevados de R2 e mais baixos de erro do modelo. Os modelos desenvolvidos foram validados com um conjunto de dados independentes de cinco anos (20062010). Para 2011, o modelo mostrou uma precipitação mais elevada do que a precipitação normal nas três regiões.

3.3 Resumo do inquérito bibliográfico

A Tabela 2 apresenta a categorização das diferentes abordagens de previsão da precipitação. A categorização baseia-se nas seguintes caraterísticas: região, período de treino e teste, tipos de rede neural, número de camadas de entrada, saída e oculta, função de ativação, medida de precisão, variável de previsão da precipitação.

Tabela 2 Categorização de diferentes abordagens de previsão de precipitação

Investigadores	Região (Global\ Local)	Diário-Mensal-Anual	Tipos de NN	N.º de camadas i/p, oculta e o/p	Função de ativação	Medição exacta	Variável de previsão da precipitação
G. Geetae R. Selvaraj (2011)	Local (Chennai)	Mensal (Conjunto de formação-1978 a 2009 Conjunto de previsões-1978 a 2009)	Multi-camada BPNN	i/p-1(4 neurónios) Oculto-1 o/p-1	Sigmoide	Não mencionared	velocidade do vento, temperatura média, relativa humidade, valores de aerossóis
N. Philip et al. (2001)	Local (Kerala)	Mensal (Conjunto de formação-1893 até 1933 (40 anos) Conjunto de previsão-1 ano)	ABFNN	i/p-1(12 neurónios) Hidden-1(7 neurónios) o/p-1	Sigmoide	RMSE	vento, temp., precipitação, latitude-longitude, superfície do mar pressão
V.Somvanshi et al. (2006)	Local (anúncio de Hyderab)	anual (Conjunto de treino-93 anos de dados Conjunto de previsões - 10 anos de dados)	RNA e ARIMA	i/p-1(4 neurónios) Hidden-1(2 neurónios) o/p-1	Sigmoide	RMSE, MAE	humidade, min. temp., temp. máx.
J.Abbot e J.Marohasy (2012)	Local (Australia)	Mensal (Conjunto de formação-1900 até 1993 (85%) Conjunto de previsões-1993 a 2009(15%))	TDRNN	i/p-1(4 neurónios) Oculto-2 o/p-1	Não mencionado	RMSE, correlação de Pearson co-eficiência	precipitação mensal, índices climáticos, temperatura atmosférica, dados solares
S.Chattopadhy ay e M.Chattopadh yay (2007)	Global (em toda a Índia)	Mensal (Conjunto de formação-75%) Conjunto de previsões - 1 ano)	Perceptrão multicamada	Oculto-2 o/p-1	Não mencionado	Mínimo erro quadrático médio	temp. min., temp. max.
P.Goswami e Srividya (1996)	Global (em toda a Índia)	anual (Conjunto de treino-120 anos Conjunto de previsões-15 anos)	FFNN(algoritmo EBP)	i/p-1(5 neurónios) Hidden-1(5 neurónios) o/p-1	Sigmoide	Erro percentual relativo à idade	precipitação média
A.Sahai et al. (2000)	Global (em toda a Índia)	Mensal (Conjunto de formação-1876 a 1960 Conjunto de previsões-1961 a 1994)	FFNN(algoritmo EBP)	i/p-1(25 neurónios) Hidden-1(2-4 neurónios) o/p-1	Não mencionado	RMSE, coeficiente de correlação	temp. min., temp. max.
S.Chattopadhy ay e G.Chattopadhy ay (2008)	Global (em toda a Índia)	Mensal (Conjunto de treino-50% Conjunto de previsão-50%)	FFNN(algoritmo EBP)	i/p-1 Oculto-1 o/p-1	Sigmoide	Erro quadrático médio	temperatura mínima, temperatura máxima
S.Chattopadhy ay (2007)	Global (em toda a Índia)	Mensal (Conjunto de treino-75% Conjunto de previsões-25%)	FFNN(algoritmo EBP)	i/p-1(9 neurónios) Oculto-1 o/p-1	Sigmoide	Não mencionared	precipitação mensal, temperatura, média Chuvas da monção do verão indiano
P.Guhathakurt a (2008)	Global (em toda a Índia-36 subdivisões meteorológicas)	anual (Conjunto de formação-1941 a 1991(51 anos) Conjunto de previsões-1992 2005(12 anos))	FFNN(algoritmo EBP)	i/p-1(12 neurónios) Hidden-1(3 neurónios) o/p-1	Sigmoide	RMSE	temp. máx., temp. mín.
C.Venkatesan et al. (1997)	Global (em toda a Índia)	Mensal (Conjunto de treino-1939 até 1994 Conjunto de previsão-1 ano)	FFNN(algoritmo EBP)	i/p-1(2,3,10 neurónios) Oculto-1 o/p-1	Sigmoide	RMSE	temp. min., temp. max.
N.Philip e K.Joseph (2002)	Local (Kerala)	Anual (Conjunto de	ABFNN	i/p-1(12 neurónios)	Sigmoide	RMSE	vento, temperatura, precipitação, latitude-

		formação-1893 até 1933 (40 anos) Previsõeset-47 anos)		Hidden-1(7 neurónios) o/p-1			longitude, superfície do mar pressão
C. Wu et al. (2010)	Global (Índia, China)	Mensal, Diário	Modular ANN	i/p-1 Oculto-1 o/p-1	Não mencionado	RMSE	temp. min., temp. max.
K.Kumar et al. (2012)	Local (Udipi)	Mensal 1960 a 2010 (Conjunto de treino-70% Conjunto de previsão-30% (400amostra -280 formação,120 testes, 120 conjunto de validação))	FFNN (algoritmo EBP), camada recorrente, alimentação em cascata, retropropagação	i/p-1 Oculto-1 (10-20 neurónios) o/p-1	Não mencionado	MSE	humidade média, vento médio velocidade
M.Sharma e J.Singh (2011)	Local (Pantnagar, Índia)	Fraco (junho-39 anos)	Modelo de regressão múltipla, CGA FFNN (algoritmo EBP)	i/p-1(4 neurónios) Hidden-2 (8,10neurónios) o/p-1	Sigmoide	Diferença média absoluta	temp. máx., temp. mín, Humidade relativa (7h, 14h), Evaporação da panela, BSS
R.Deshpande (2012)	Local	Conjunto de treino-60% Conjunto de previsão-25% Conjunto de validação-25%	MLP, rede neural Elman	i/p-1 Oculto-1 (22 neurónios) o/p-1	Sigmoide	MSE	pluviosidade
G. Shrivastava et al. (2013)	Local (Ambika pur)	Anual (Conjunto de treino-1951 até 2007 (57 anos) Conjunto de previsões-2008 a 2011(5 anos))	FFNN (algoritmo EBP)	i/p-1(11 neurónios) Oculto-1(3 neurónios) o/p-1	Sigmoide	MSE	humidade, ponto de orvalho, pressão
N.Chantasut et al. (2004)	Local (Rio Chao Phraya)	Mensal (Conjunto de treino-19411981 Predictionset-1992-1999)	FFNN(algoritmo EBP)	i/p-1(10 neurónios) Hidden-1(5 neurónios) o/p-1	Não mencionado	erro quadrático médio (96,9%)	temporário.
Priya et al. (2014)	Global (Índia)	Mensal (Conjunto de dados mensais de 140 anos, de 1871 a 2010) Conjunto de treino-92% (dados de 130 anos) Conjunto de previsões-8% (dados de 10 anos)	MFFNN(EB Algoritmo P)	i/p-1(1 neurónio) Oculto- 1(2,4,5 neurónios) o/p-1	Não mencionado	RMSE	temp. máx., temp. mín.
A.Naik et al. (2013)	Global (Índia)	Conjunto de treino-80% Conjunto de previsão-20%	FFNN(algoritmo EBP)	i/p-1 Oculto-1 o/p-1	Sigmoide	RMSE	velocidade do vento, temperatura, humidade
S.Chattopadhy ay (2000)	Global (Índia)	Anual (Conjunto de treino-18711971 Predictionset-1972-1999)	RNA (CGD)	i/p-1 Oculto-1 o/p-1	Sigmoide	Avg. MSE	temp. máx., temp. mín.
C.Wu e K Chau (2013)	Global (Índia, China)	Mensal, Diário (Formação-50% Testes-25% Validação-25%)	ANN- MA (média móvel), ANN- SSA (espetro único)	i/p-1 Oculto-1 (12-5-1 neurónios para a Índia, 13-6-1 neurónios para Zhongxian, 7-6-1 neurónios para Waxi, 3-4-1 neurónios para zhenwan) o/p-1	Não mencionado	RMSE	temp. máx., temp. mín.
K. Htikee O.Khalifa (2010)	Global (Índia)	Anual, Mensal, Bi-anual, Quartenal (Conjunto de treino-	Rede neural de atraso temporal focalizada	i/p-1 Oculto-1 o/p-1	Não mencionado	MAPE (Y early) 94,25%	temp., solar radiação, evaporação

		80% Conjunto de previsão-20%)				Biannu ally- 81,11% Trimestral· 76,03% Mensal· 56,02%)	
S. Nanda et al. (2013)	Global (Índia)	Anual (Conjunto de formação-19902011 Predictionset- 2012(junho-setembro) 121 conjuntos de dados: 91 de treino 30 de teste	Modelo ARIMA, RNA, equação polinomial de Legendre, RNA de ligação funcional (FLANN) e MLP	i/p-1 Oculto-1 o/p-1	Sigmoide	MSE, soma de erro quadrático	temp. máx., temp. mín.
V.Dabhi e S.Chaudhary (2014)	Local (Anand)	Diário (Conjunto de formação- 1991-2000 Conjunto de previsões - 2001 e 2002)	Modelo Wavelet- postfix-GP, RNA Wavelet	Conjunto 1:- i/p- 1(7 neurónios) Hidden-1(5 neurónios) o/p-1	Log sigmoide, Linear puro	MAE, MSE, R, Adequação ajustada	temp. máx., temp. min., evaporação, humidade relativa, 1 dia de precipitação anterior, 2 dias
				conjunto 2:- i/p- 1(6 neurónios) Hidden-1(6 neurónios) o/p-1			precipitação anterior

CAPÍTULO IV

4. Análise e conclusões

Neste capítulo, são discutidos a análise do problema de investigação, os resultados da análise, a análise dos dados e as etapas do GA-ANN. As caraterísticas da análise de dados incluem o gráfico Q-Q, a função de autocorrelação, o teste de homogeneidade, a média, a variância e o desvio padrão.

4.1 Análise do problema de investigação

Neste estudo, analisámos as etapas da previsão da precipitação utilizando NN, as diferentes NN utilizadas pelos investigadores para a previsão da precipitação e as questões que requerem atenção na aplicação de redes neuronais para a previsão da precipitação. Analisámos que muitos investigadores utilizaram as técnicas FFNN, TDNN e RNN para a previsão da precipitação e compararam estas técnicas com as técnicas estatísticas. A maioria dos investigadores utilizou diferentes parâmetros de previsão para testar a rede neural. A partir deste inquérito, analisámos diferentes questões, como a previsão negativa, a seleção do parâmetro de entrada, a deteção de picos, a seleção da camada oculta, a seleção dos dados de treino e de teste, a seleção da função de ativação e a seleção do algoritmo de treino. Todos os investigadores previram a precipitação em diferentes regiões, estados e distritos.

4.2 Conclusões da análise

O Estado de Gujarat, na Índia, recebe uma precipitação anual de 828 mm em 35 dias de chuva, com um coeficiente de variação de 50%. Existe uma grande variação espacial e temporal na precipitação do Estado. As zonas de baixa pluviosidade, que recebem menos de 500 mm de precipitação, incluem o distrito de Banaskatha e o distrito de Patan. Esta região estava a ter problemas de precipitação porque só choveu durante 18 dias na monção. A região de S.K.Nagar está a receber precipitação inferior a 500 mm, a região de Navsari está a receber precipitação superior a 1000 mm e a região média de Gujarat está a receber precipitação entre 500 e 1000 mm. Por conseguinte, é difícil prever a precipitação nas regiões de Anand, S.K.Nagar e Navsari.

4.2.1 Caraterísticas da análise de dados

Existem 4 testes para a análise de dados, como se segue:

1. Gráfico Q-Q - para verificar a hipótese de normalidade.
2. Função de autocorrelação - para testar a hipótese de que a série não está correlacionada.
3. Testes de homogeneidade - para detetar o ponto de rutura nos dados da série cronológica.
4. Determinar a média, a variância e o desvio padrão de dados de séries cronológicas.
5. Para o teste estatístico, são utilizados os dados mensais da região de Anand (anos: 1958-2014 (últimos 56 anos)) são utilizados.

1. Gráfico Q-Q

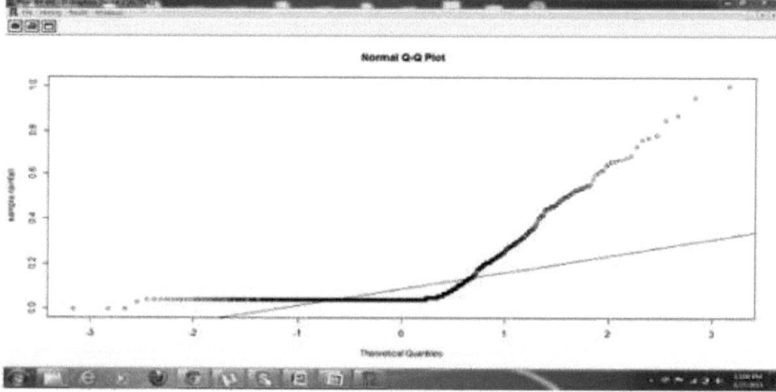

Figura 7 Gráfico Q-Q

O diagrama do gráfico Q-Q (Fig. 7) mostra que os valores observados não se distribuem ao longo da linha reta que representa a distribuição normal teórica. A série não tem uma distribuição normal.

O teste Jarque-Bera aplicado às séries temporais obtidas após uma transformação Box-Cox,

$$z_t = \frac{X_t^{\lambda} - 1}{\lambda} \quad \text{.. (4)}$$

Com =0,25, aceita-se a hipótese de que a série é normalmente distribuída. O histograma (Fig. 8) confirma a normalidade

Figura 8 Histograma da série transformada

2. Função de autocorrelação

A série de dados original e a transformada estão correlacionadas, uma vez que existem valores da função de autocorrelação (ACF) fora do intervalo de confiança a um nível de confiança de 95%. (Fig. 9)

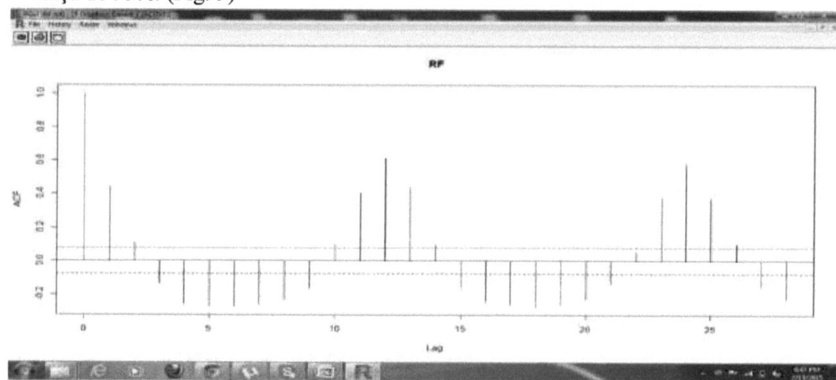

Figura 9 Função de autocorrelação das séries cronológicas

3. Teste de homogeneidade

Os testes de homogeneidade são aplicados para detetar a variabilidade dos dados meteorológicos. As principais fontes de falta de homogeneidade são a deslocalização das estações, as alterações nas técnicas de medição e nos procedimentos de observação e as alterações nos instrumentos. O teste SNHT (Standard Normal Homogeneity Test) é sensível na deteção de um ponto de quebra perto do início e do fim da série, enquanto os testes de Pettit e Buishand são sensíveis na deteção de quebras a meio da série. O nível de significância é fixado em 1% para todos os testes. Se o valor p obtido for inferior ao nível de significância selecionado, rejeita-se a hipótese nula.

Quadro 3 Resultados de diferentes testes de homogeneidade

Teste	Tmin	Tmax	RH	PE	RF
Pettitt	0.082	0.241	0.344	0.481	0.791
SNHT	0.578	0.466	0.518	0.225	0.813
BR	0.240	0.438	0.508	0.455	0.631

4. Média, variância e desvio padrão

A média é a média de uma série de números. A fórmula para calcular uma média é:

$$\text{Média} = (X1 + X2 + X3 + \ldots + XN) / N \qquad (5)$$

Em que X1, X2, X3, XN são os valores das observações que estão a ser calculadas como média e N é o número de observações.

Em estatística, o desvio padrão (DP) (sigma, o) é uma medida utilizada para quantificar a quantidade de variação ou dispersão de um conjunto de valores de dados.

$$S = \sqrt{\frac{\sum (x - \bar{x})^2}{n-1}} \qquad (6)$$

Na teoria das probabilidades e na estatística, a variância mede o grau de dispersão de um conjunto de números. Uma variância de zero indica que todos os valores são idênticos.

(7)

Tabela 4 Resultados da média, desvio padrão e variância dos dados das séries cronológicas

Teste	Tmin	Tmax	RH	PE	RF
média	19.663	33.214	73.112	2.923	72.518
Desvio padrão	5.680	3.849	19.128	3.516	135.670
variação	32.262	14.814	365.880	12.362	18,406.34

4.2.2 Etapas do GA-ANN

A RNA tem a capacidade de detetar relações não lineares complexas entre variáveis dependentes e independentes. Assim, utilizaremos o modelo GA-ANN para a previsão da precipitação nestas três regiões. O processo de construção do modelo consiste nas seguintes etapas sequenciais:

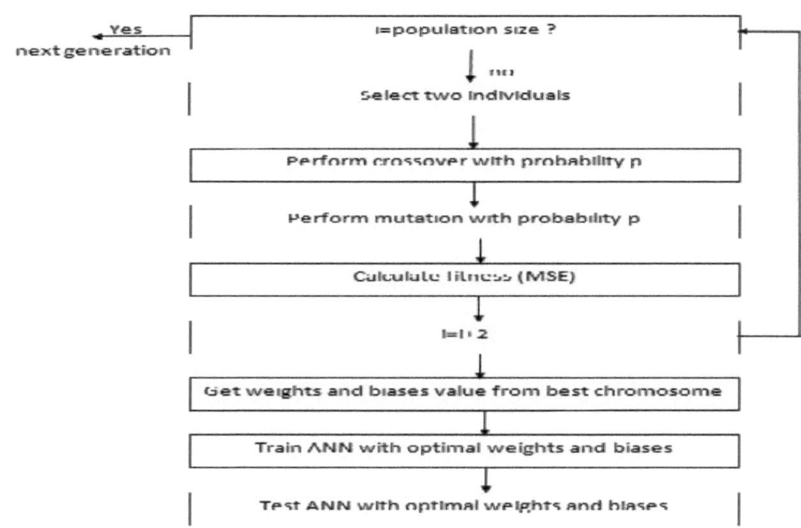

Figura 10 Fluxograma do GA-ANN

1. Inicializar a população. Se o tamanho da população for igual à geração, passa-se à geração seguinte, caso contrário, passa-se à etapa seguinte.
2. Selecione dois indivíduos para realizar o cruzamento e a mutação.
3. Após a seleção, efetuar o cruzamento com probabilidade p.
4. Após o cruzamento, efetuar a mutação com probabilidade p.
5. Em seguida, calcular a aptidão a partir do erro quadrático médio.
6. Repetir os passos 1 a 5 até a população não corresponder à geração.
7. Obter os valores dos pesos e das polarizações dos melhores cromossomas.
8. Treinar a RNA com pesos e enviesamentos óptimos.
9. Testar a RNA.

Muitos investigadores utilizaram as técnicas FFNN, TDNN e RNN para a previsão da precipitação e compararam estas técnicas com as técnicas estatísticas. A maioria dos investigadores utilizou diferentes parâmetros de previsão para testar a arquitetura. As técnicas FFNN, RNN e TDNN são mais adequadas para prever a precipitação do que outras técnicas de previsão, como os métodos estatísticos e numéricos. A rede neural tem um bom desempenho na previsão da precipitação anual. Mas para os dados mensais e diários, a rede neural apresenta um desempenho fraco. Verificámos que a FFNN tem um melhor desempenho na previsão de dados de precipitação mensais, a TDNN tem um melhor desempenho na previsão de dados de precipitação anuais, enquanto a FFNN com desfasamento temporal tem um melhor desempenho na previsão de dados de precipitação semanais.

CAPÍTULO V

5. Trabalho proposto

Neste capítulo, ARIMA, GA-FFNN, GA-RBFNN e GA-TDNN são implementados e os resultados destas 4 técnicas são comparados. Também são discutidos os conjuntos de dados, os parâmetros GA, os parâmetros ANN e as técnicas de pré-processamento da previsão de precipitação.

5.1 Experiências e análise de resultados

Explorámos e testámos experimentalmente o GA-FFNN, o GA-RBFNN e o GA-TDNN para a previsão da precipitação. Utilizámos três conjuntos de dados para a previsão de precipitação mensal e anual: 1. Região de Anand (56 anos) 2. Região de Navsari (34 anos) 3. Região de S.K.Nagar (30 anos). O conjunto de dados 1 e o conjunto de dados 2 contêm seis parâmetros, como a evaporação, a velocidade do vento, a temperatura máxima, a temperatura mínima, a humidade relativa (manhã e noite) e a precipitação. O conjunto de dados 2 contém cinco parâmetros, como a evaporação, a velocidade do vento, a temperatura máxima, a temperatura mínima e a precipitação. Na previsão da precipitação mensal, previmos 4 anos de dados de precipitação. Na previsão da precipitação anual, previmos 15 anos de dados de precipitação. A Tabela 5 mostra diferentes conjuntos de dados, parâmetros, tamanho dos conjuntos de dados e gama de precipitação de uma determinada região.

Quadro 5 Diferentes conjuntos de dados utilizados para a previsão da precipitação

Conjuntos de dados	parâmetros	Tamanho dos conjuntos de dados	Intervalo de precipitação
Anand (Médio Gujarat)	evaporação, velocidade do vento, temperatura máxima, temperatura mínima, humidade relativa, precipitação	1958-2014 (56 anos)	> 500mm < 1000mm
Navsari (Gujarat do Sul)	evaporação, velocidade do vento, temperatura máxima, temperatura mínima, humidade relativa, precipitação	1980-2014 (34 anos)	> 1000mm
S.K.Nagar (Gujarat do Norte)	evaporação, velocidade do vento, temp. máx., temp. mín., precipitação	1984-2014 (30 anos)	< 500mm

Para a implementação do ARIMA, é utilizado o código R. Para o GA-FFNN, o GA-RBFNN e o GA-TDNN são implementados utilizando o MATLAB.

- ARIMA
- As Fig. 11 a Fig. 15 mostram a previsão da precipitação mensal na região de Anand utilizando a modelação ARIMA.
- Entrada: Dados de precipitação mensal da região de Anand (anos: 1958-2010 (52 anos))
- Saída: Dados de precipitação (anos : 2011-2014 (4 anos))
- AR=3, MA=1 e d=0 (valor AR e MA retirado do AIC (Critério de Informação de Akaike) mínimo)
- Frequência=12
- Período de sazonalidade=12, AR=0, MA=1 e d=1

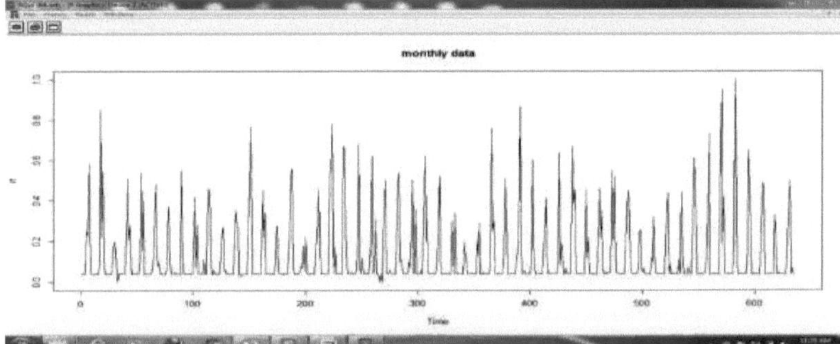

Figura 11 Série cronológica real dos dados mensais de precipitação - região de Anand

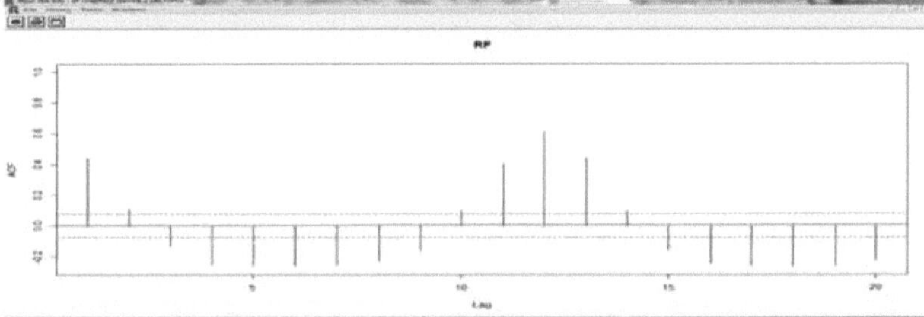

Figura 12 ACF dos dados mensais de precipitação - região de Anand

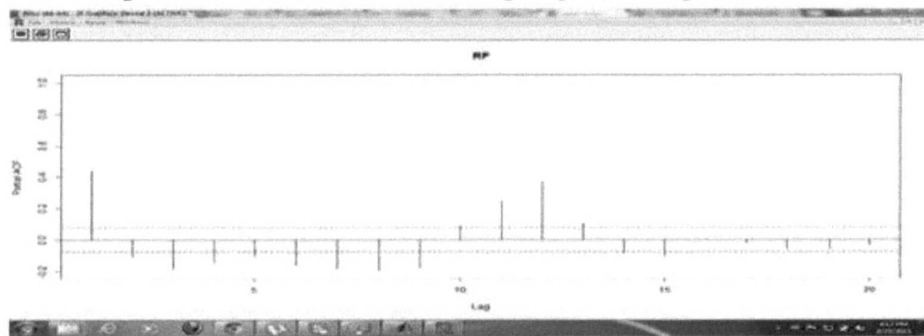

Figura 13 PACF dos dados de precipitação - região de Anand

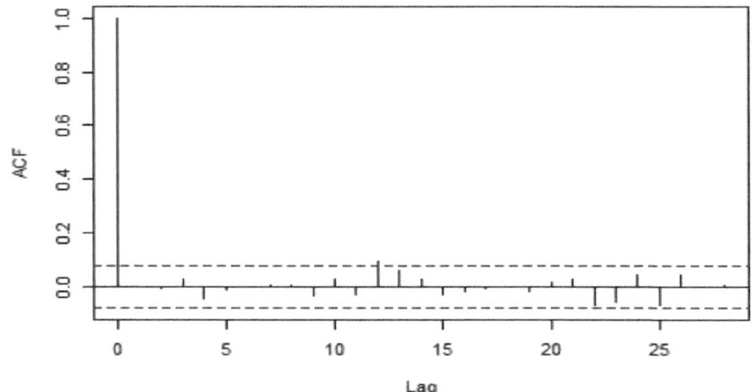

Figura 14 Resíduos dos dados de precipitação - região de Anand

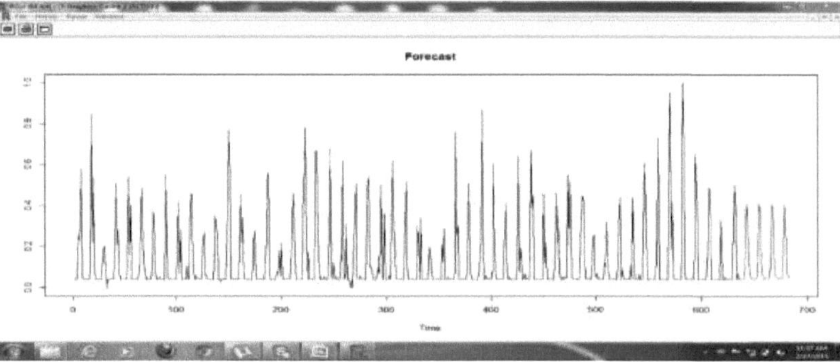

Figura 15 Previsão da precipitação mensal - região de Anand

As Fig. 16 a Fig. 20 mostram a previsão da precipitação mensal na região de Navsari utilizando a modelação ARIMA. Nesta figura, a linha azul indica os dados ajustados, a linha preta indica os dados actuais e a linha vermelha indica os dados previstos.

- Entrada: Dados de precipitação mensal da região de Navsari (anos: 1980-2010 (30 anos))
- Saída: Dados de precipitação (anos : 2011-2014 (4 anos))
- AR=2, MA=1 e d=0 (valor AR e MA retirado do AIC mínimo)
- Frequência=12
- Período de sazonalidade=12, AR=0, MA=1 e d=1

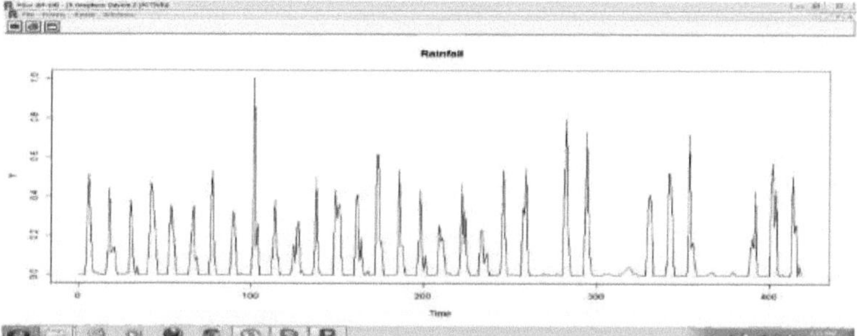

Figura 16 Série cronológica real dos dados mensais de precipitação - região de Navsari

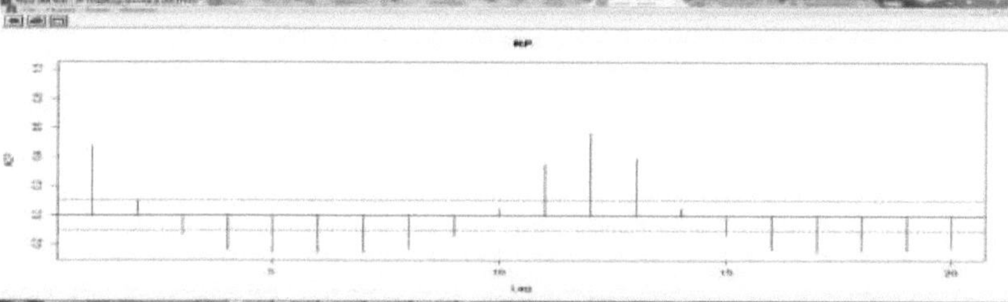

Figura 17 ACF dos dados de precipitação mensal - região de Navsari

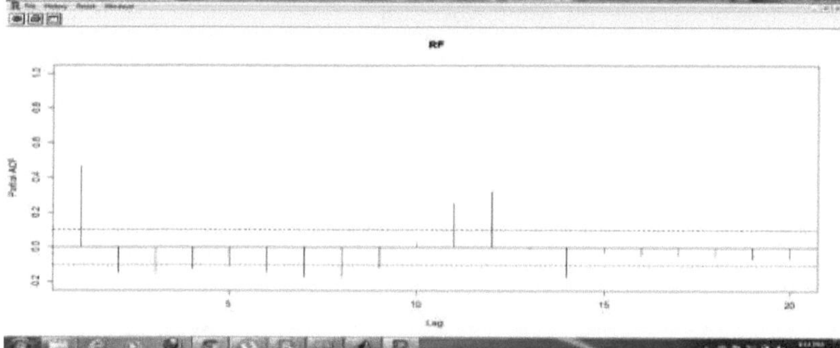

Figura 18 PACF dos dados de precipitação mensal - região de Navsari

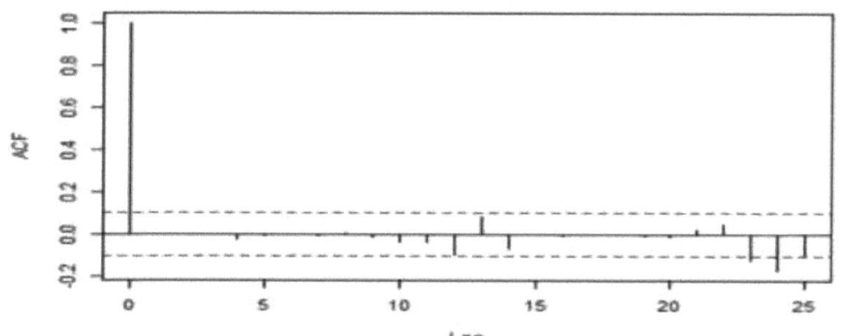

Figura 19 Resíduos dos dados de precipitação - região de Navsari

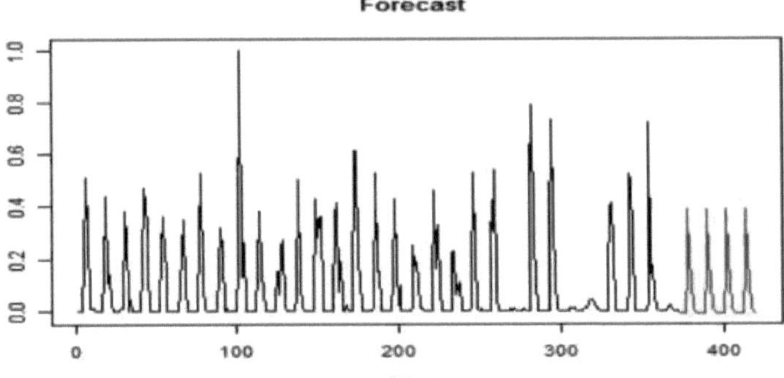

Figura 20 Previsão da precipitação mensal - região de Navsari

As Fig. 21 a Fig. 25 mostram a previsão da precipitação mensal na região de S.K.Nagar utilizando a modelação ARIMA.

- Entrada: Dados de precipitação mensal da região de S.K.Nagar (anos: 1984-2010 (26 anos))
- Saída: Dados de precipitação (anos : 2011-2014 (4 anos))
- AR=1, MA=2 e d=0 (valor AR e MA retirado do AIC mínimo)
- Frequência=12
- Período de sazonalidade=12, AR=0, MA=1 e d=1

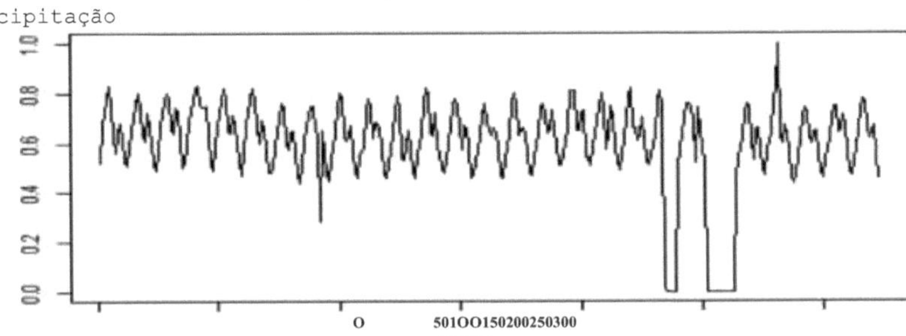

Figura 21 Série cronológica real dos dados mensais de precipitação - região de S.K.Nagar

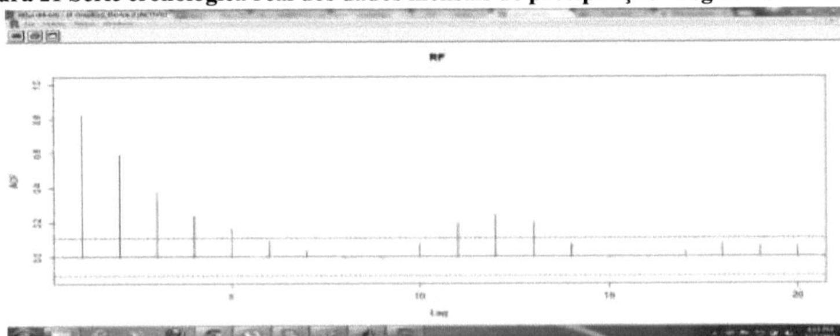

Figura 22 ACF dos dados mensais de precipitação - região de S.K.Nagar

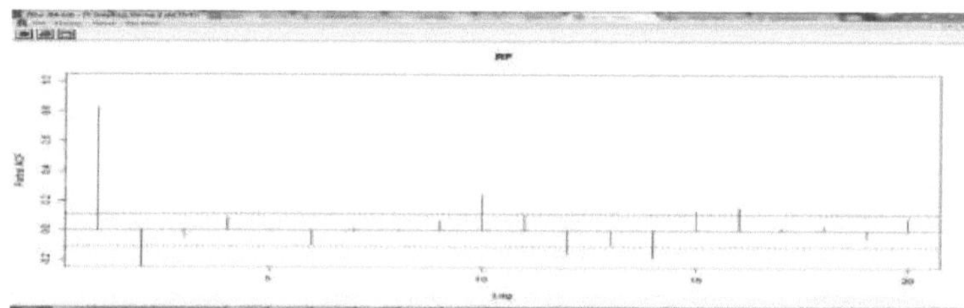

Figura 23 PACF dos dados mensais de precipitação - região de S.K.Nagar

Series error

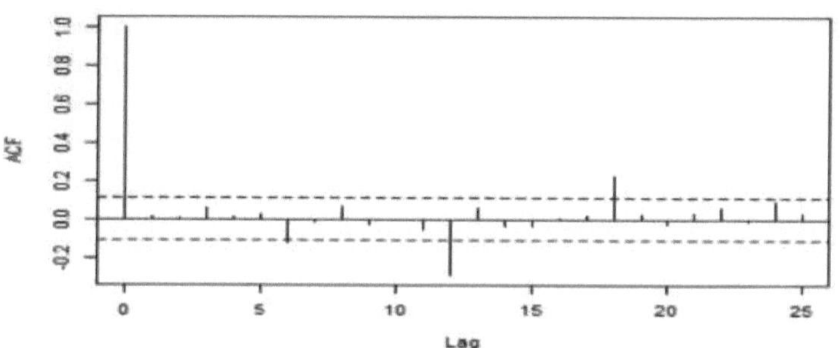

Figura 24 Resíduos dos dados de precipitação - região de S.K.Nagar

Forecast

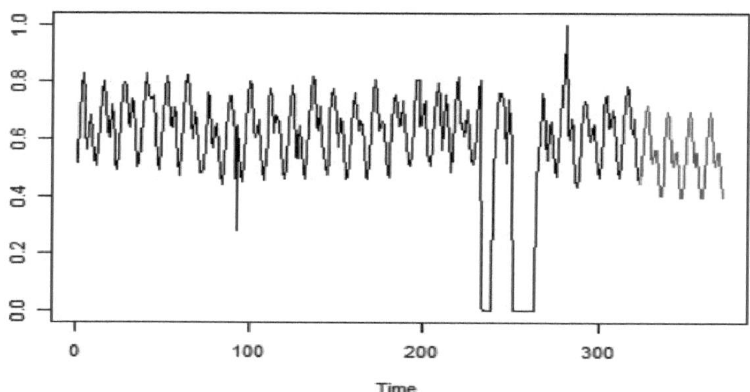

Figura 25 Previsão da precipitação mensal - região de S.K.Nagar

As Fig. 26 a Fig. 30 mostram a previsão da precipitação anual na região de Anand utilizando a modelação ARIMA.

- Entrada: Dados anuais sobre a precipitação na região de Anand (anos: 1958-1999 (41 anos))
- Saída: Dados de precipitação (anos : 2000-2014 (15 anos))
- AR=1, MA=2 e d=0 (valor AR e MA retirado do AIC mínimo)
- Frequência=1
- Período de sazonalidade=1, AR=0, MA=1 e d=1

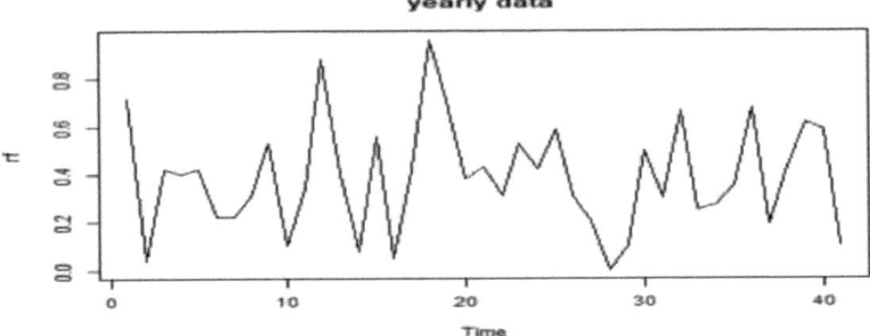

Figura 26 Série cronológica real dos dados anuais de precipitação - região de Anand

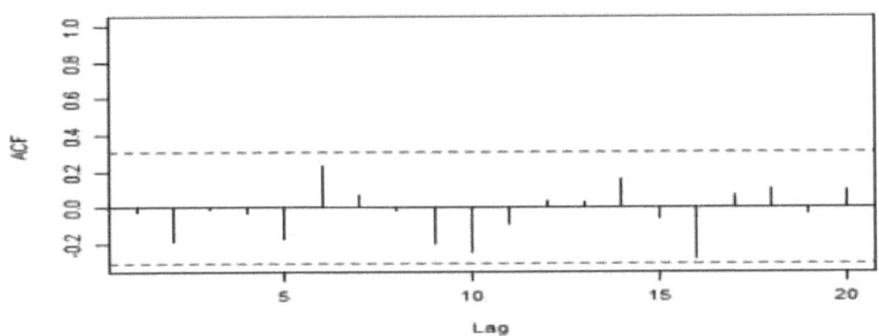

Figura 27 ACF dos dados de precipitação anual - região de Anand

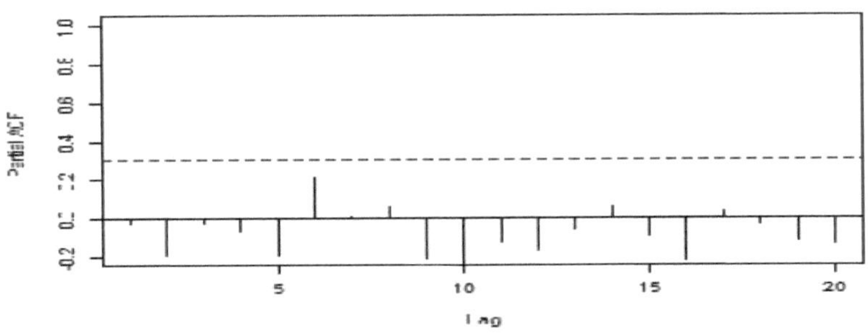

Figura 28 PACF dos dados de precipitação anual - região de Anand

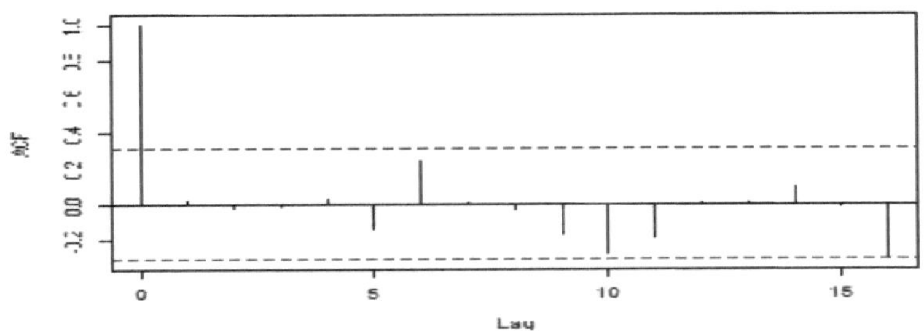

Figura 29 Resíduos dos dados de precipitação - região de Anand

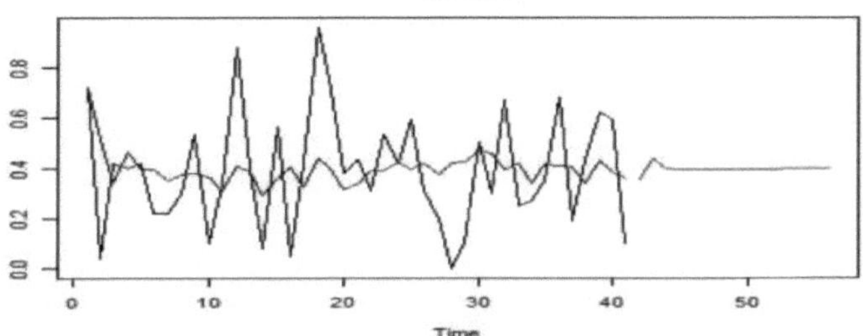

Figura 30 Previsão da precipitação anual - região de Anand

As Fig. 31 a Fig. 35 mostram a previsão da precipitação anual na região de Navsari utilizando a modelação ARIMA.

- Entrada: Dados anuais sobre a precipitação na região de Navsari (anos: 1980-1999 (19 anos))
- Saída: Dados de precipitação (anos : 2000-2014 (15 anos))
- AR=1, MA=1 e d=0 (valor AR e MA retirado do AIC mínimo)
- Frequência=1
- Período de sazonalidade=1, AR=0, MA=1 e d=1

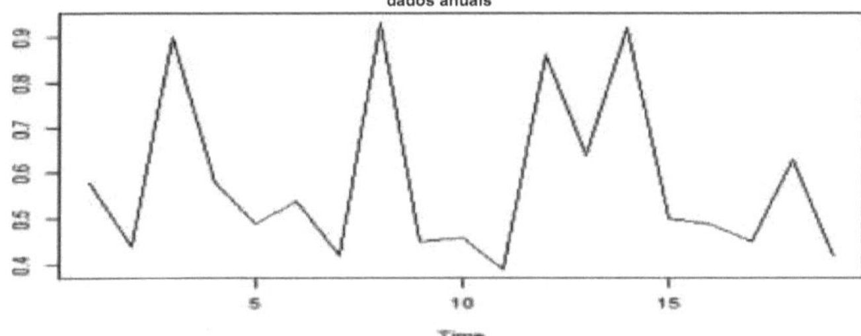

Figura 31 Série cronológica real dos dados anuais de precipitação - região de Navsari

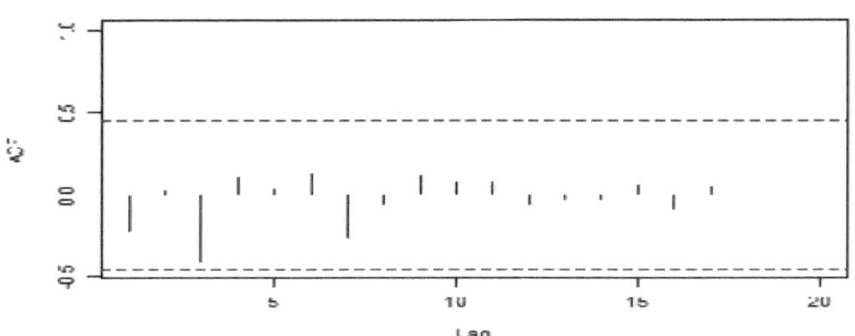

Figura 32 ACF dos dados de precipitação anual - região de Navsari

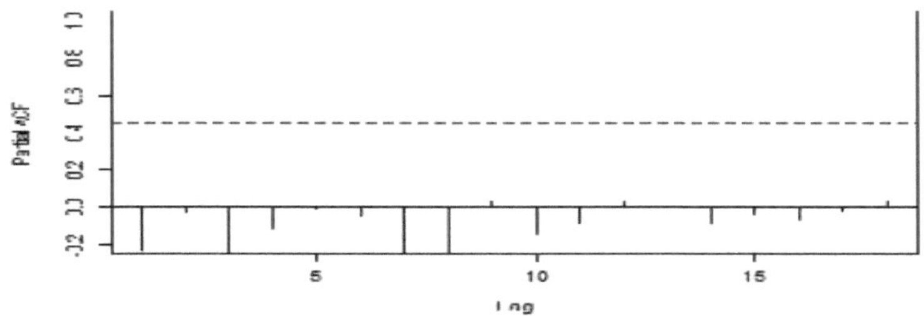

Figura 33 PACF dos dados de precipitação anual - região de Navsari

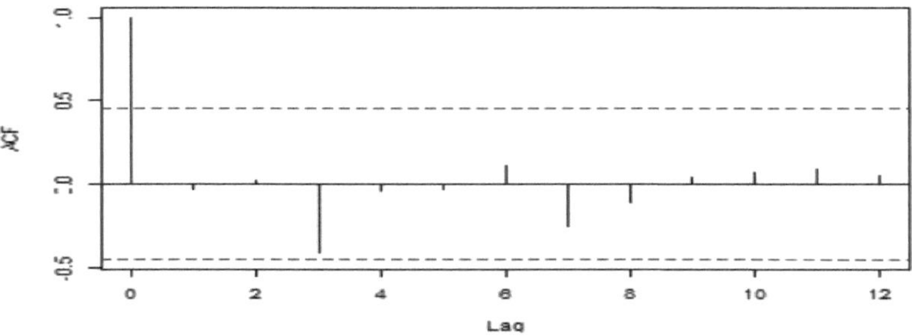

Figura 34 Resíduos dos dados de precipitação - região de Navsari

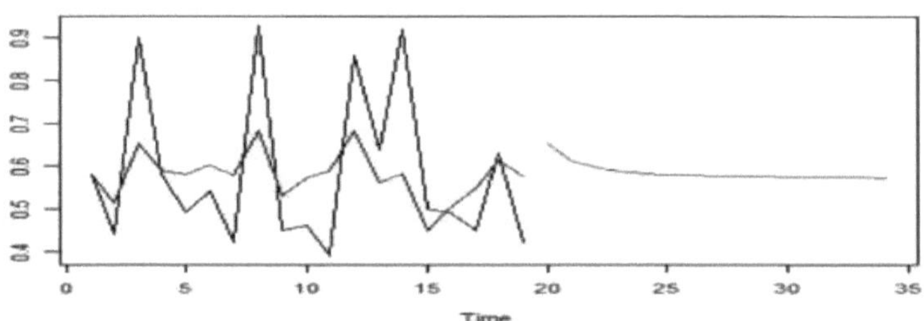

Figura 35 Previsão da precipitação anual - região de Navsari

As Fig. 36 a Fig. 40 mostram a previsão da precipitação mensal na região de S.K.Nagar utilizando o modelo ARIMA.

- Entrada: dados de precipitação anual da região de S.K.Nagar (anos: 1984-1999 (15 anos))
- Saída: Dados de precipitação (anos : 2000-2014 (15 anos))
- AR=1, MA=0 e d=0 (valor AR e MA retirado do AIC mínimo)
- Frequência=1
- Período de sazonalidade=1, AR=0, MA=1 e d=1

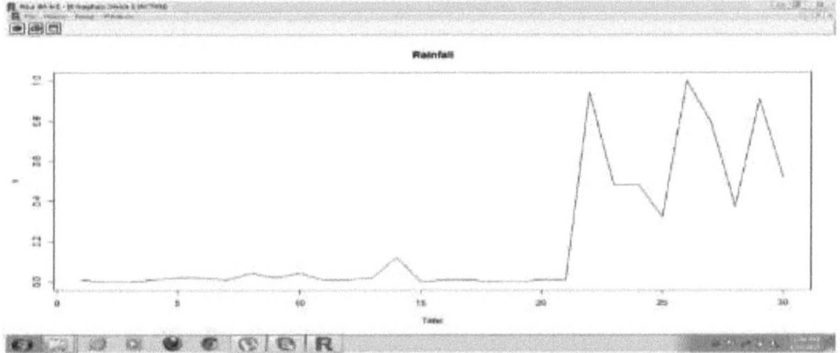

Figura 36 Série cronológica real dos dados anuais de precipitação - região de S.K.Nagar

RF

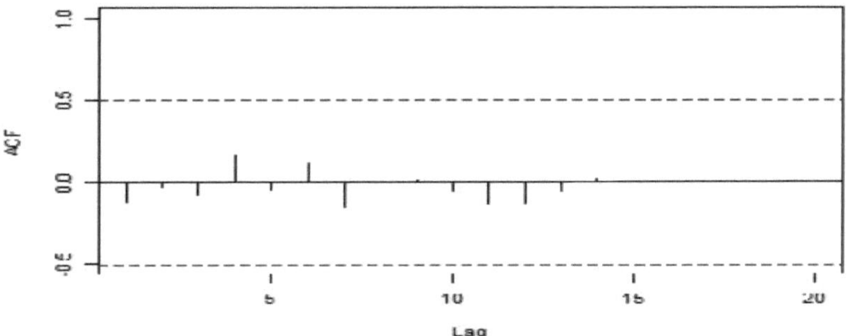

Figura 37 ACF dos dados de precipitação anual - região de S.K.Nagar

RF

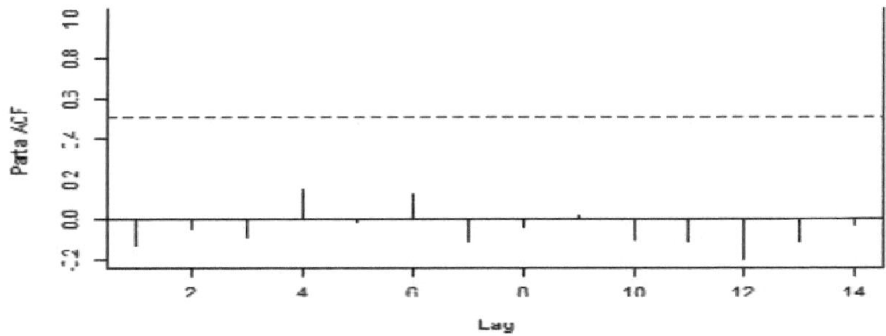

Figura 38 PACF dos dados de precipitação anual - região de S.K.Nagar

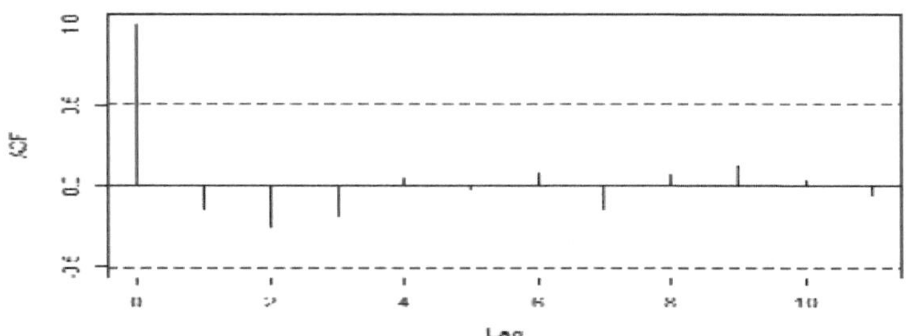

Figura 39 Resíduos dos dados de precipitação - região de S.K.Nagar

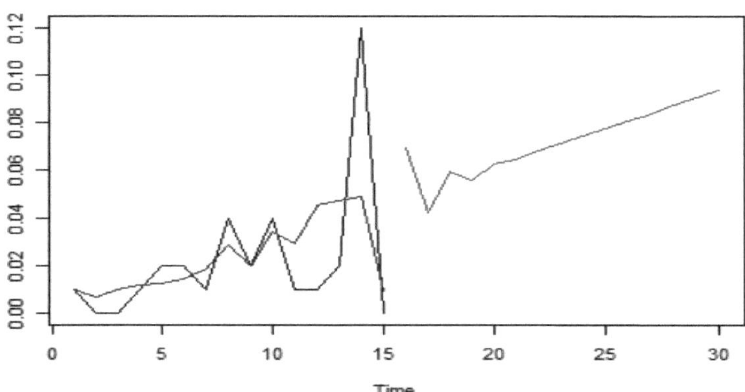

Figura 40 Previsão da precipitação anual - região de S.K.Nagar

- GA-FFNN

- Conjunto de dados: Região de Anand, região de Navsari, região de S.K.Nagar
- Entradas: evaporação, velocidade do vento, temperatura máxima, temperatura mínima, humidade relativa (manhã, noite)
- Produção: Precipitação
- Formação: 1958-2010 (52 anos) -Anand, 1980-2010 (30 anos) -Navsari, 1984-2010 (26 anos) -S.K.Nagar, 1958-1999 (41 anos) -Anand anualmente, 1980-1999 (19 anos) -Navsari anualmente, 1984-1999 (15 anos) -S.K.Nagar anualmente
- Ensaios: 2011-2014 (4 anos) -Anand, Navsari e S.K.Nagar, 2000-2014 (15 anos) -Anand, Navsari e S.K.Nagar
- Processamento:

• Normalizar as caraterísticas no intervalo [0,1]

• Otimizar os pesos e as polarizações do FFNN utilizando o GA

• Previsão de 4 anos de precipitação utilizando FFNN

- Parâmetros GA

- Geração máxima = 500 - previsão mensal, 2000 - previsão anual
- Tamanho da população = 100 - previsão mensal e anual
- Probabilidade de mutação = 0,1
- Probabilidade de cruzamento = 0,2

- Parâmetros ANN
- Taxa de aprendizagem = 0,1
- Neurónio oculto = 10
- Função de ativação = Sigmoide (camada oculta e de saída)
- Algoritmo de formação = Algoritmo de retropropagação - Levenberg Marquardt

As figuras 17, 18 e 19 mostram a previsão da precipitação mensal na região de Anand, Navsari e S.K.Nagar. Nesta figura, a linha azul indica os dados actuais e a linha vermelha indica os dados previstos.

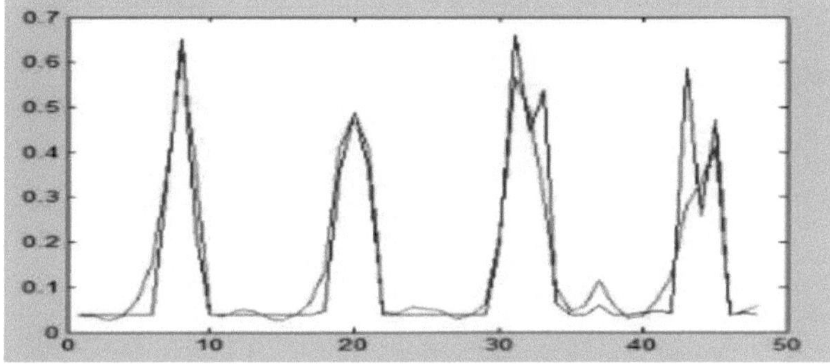

Figura 41 Previsão da precipitação mensal na região de Anand

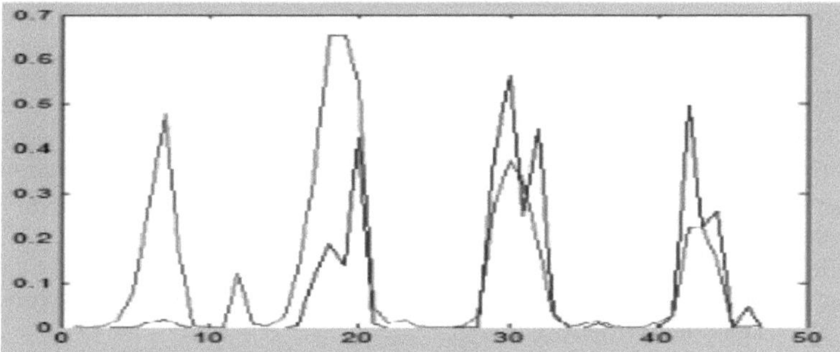

Figura 42 Previsão da precipitação mensal na região de Navsari

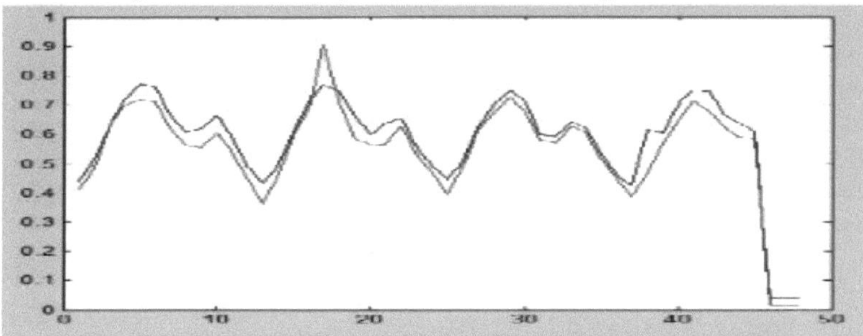

Figura 43 Previsão da precipitação mensal na região de S.K.Nagar

As figuras 20, 21 e 22 mostram a previsão anual da precipitação na região de Anand, Navsari e S.K.Nagar.

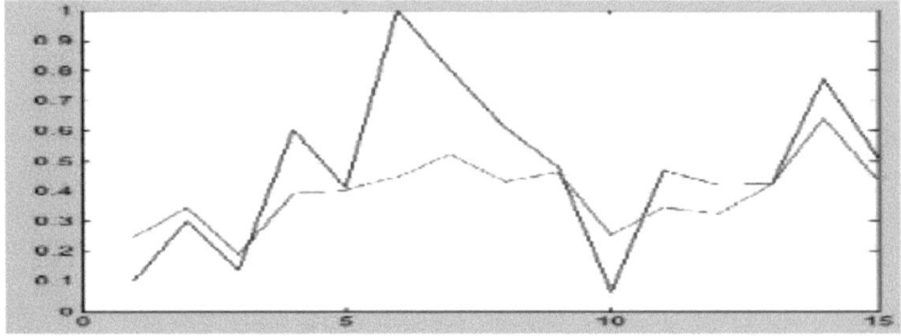

Figura 44 Previsão anual da precipitação na região de Anand

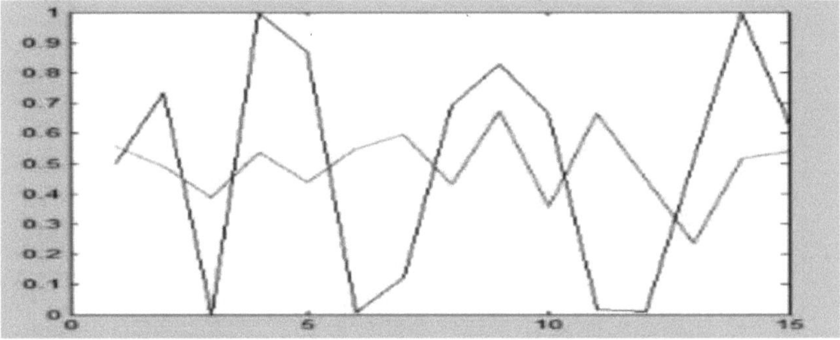

Figura 45 Previsão da precipitação anual na região de Navsari

- GA-RBFNN
- Conjunto de dados: Região de Anand, região de Navsari, região de S.K.Nagar
- Entradas: evaporação, velocidade do vento, temperatura máxima, temperatura mínima, humidade relativa (manhã, noite)
- Produção: Precipitação
- Formação: 1958-2010 (52 anos) -Anand, 1980-2010 (30 anos) -Navsari, 1984-2010 (26 anos) -S.K.Nagar, 1958-1999 (41 anos) -Anand anualmente, 1980-1999 (19 anos) -Navsari anualmente, 1984-1999 (15 anos) -S.K.Nagar anualmente
- Ensaios: 2011-2014 (4 anos) -Anand, Navsari e S.K.Nagar, 2000-2014 (15 anos) -Anand, Navsari e S.K.Nagar
- Processamento:
• Normalizar as caraterísticas no intervalo [0,1]
• Otimizar os pesos e as polarizações do RBFNN utilizando o GA
• Otimizar os centros de RBFNN utilizando o algoritmo de agrupamento K-mean
• Previsão de 4 anos de precipitação utilizando RBFNN
- Parâmetros GA
- Geração máxima = 1000
- Tamanho da população = 100
- Probabilidade de mutação = 0,1
- Probabilidade de cruzamento = 0,2
- Parâmetros ANN
- Taxa de aprendizagem = 0,1
- Neurónio oculto = 20

- Função de ativação = Gaussiana (camada oculta), linear (camada de saída)
- Algoritmo de formação = Algoritmo de retropropagação - Levenberg Marquardt

As Fig. 22, Fig. 23 e Fig. 24 mostram a previsão anual da precipitação na região de Anand, Navsari e S.K.Nagar.

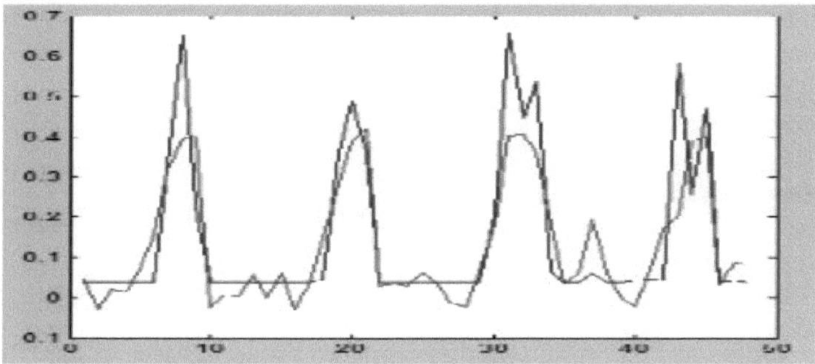

Figura 46 Previsão da precipitação mensal na região de Anand

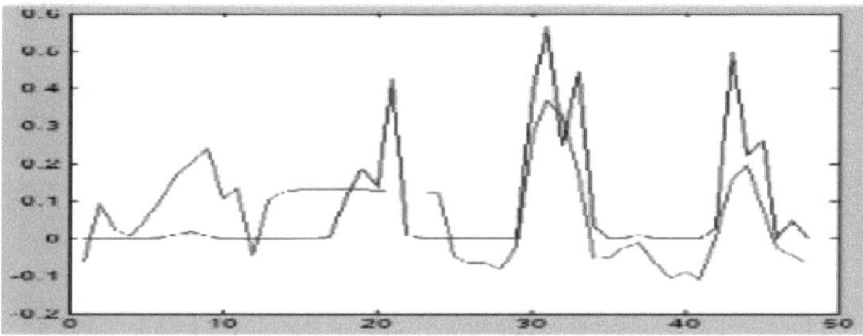

Figura 47 Previsão da precipitação mensal na região de Navsari

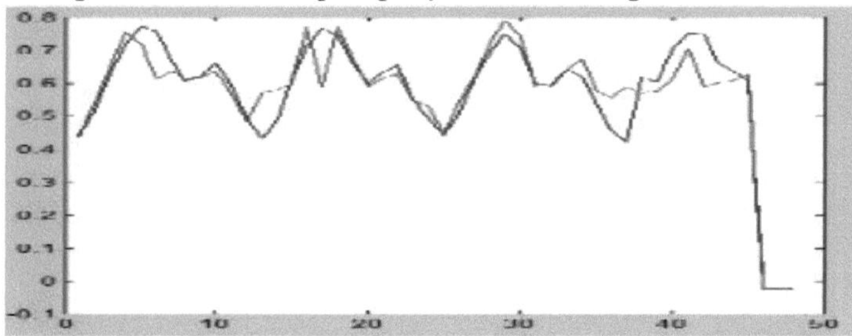

Figura 48 Previsão da precipitação mensal na região de S.K.Nagar

- GA-TDNN
- Conjunto de dados: Região de Anand, região de Navsari, região de S.K.Nagar
- Entrada: Precipitação
- Produção: Precipitação
- Formação: 1958-2010 (52 anos) -Anand, 1980-2010 (30 anos) -Navsari, 1984-2010 (26 anos) -S.K.Nagar, 1958-1999 (41 anos) -Anand anualmente, 1980-1999 (19 anos) -Navsari anualmente, 1984-1999 (15 anos) -S.K.Nagar anualmente

- Ensaios: 2011-2014 (4 anos) -Anand, Navsari e S.K.Nagar, 2000-2014 (15 anos) -Anand, Navsari e S.K.Nagar
- Processamento:
- Normalizar as caraterísticas no intervalo [0,1]
    - Otimizar os pesos e as polarizações do TDNN utilizando o GA
- Previsão de 4 anos de precipitação utilizando TDNN

- Parâmetros GA
- Geração máxima = 1000
- Tamanho da população = 10
- Probabilidade de mutação = 0,1
- Probabilidade de cruzamento = 0,2

- Parâmetros ANN
- Taxa de aprendizagem = 0,1
- Neurónio oculto = 10
- Atraso = 3
- Função de ativação = sigmoide (camada oculta), linear (camada de saída)
- Algoritmo de formação = Algoritmo de retropropagação - Levenberg Marquardt

As Fig. 25, Fig. 26 e Fig. 27 mostram a previsão da precipitação mensal na região de Anand, Navsari e S.K.Nagar.

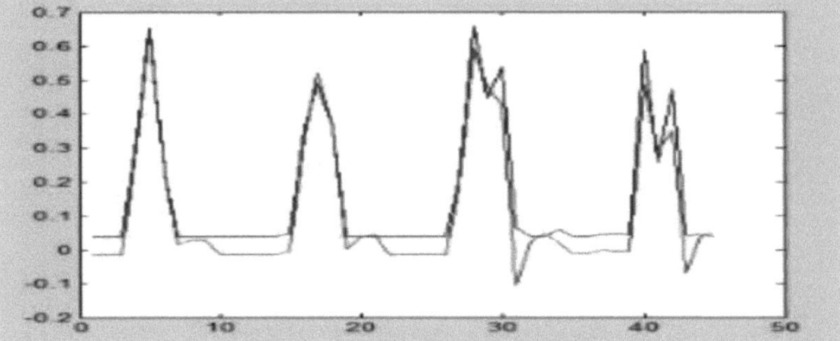

Figura 49 Previsão da precipitação mensal na região de Anand

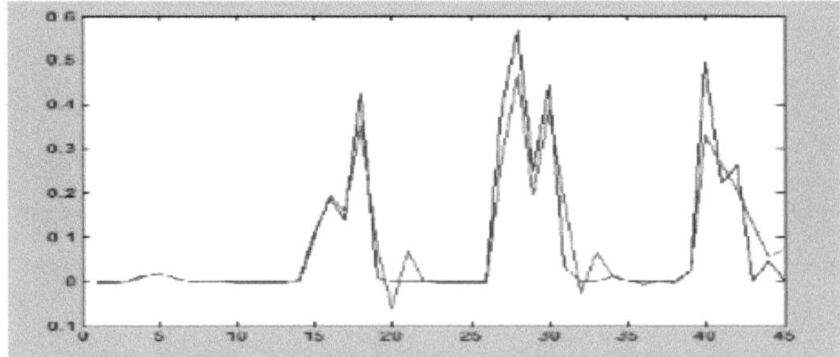

Figura 50 Previsão da precipitação mensal na região de Navsari

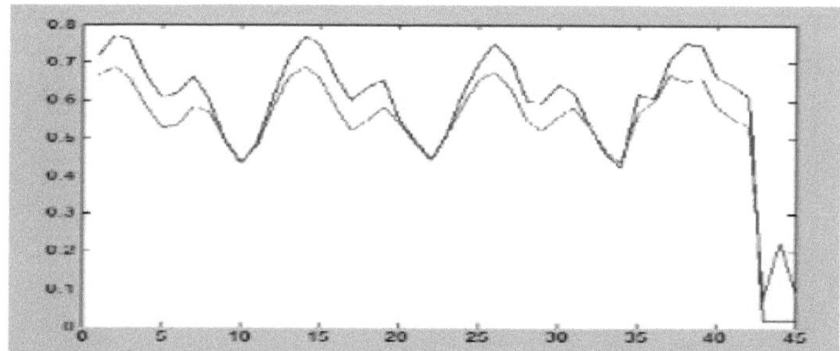

Figura 51 Previsão da precipitação mensal na região de S.K.Nagar

As Fig. 28, Fig. 29 e Fig. 30 mostram a previsão anual da precipitação na região de Anand, Navsari e S.K.Nagar.

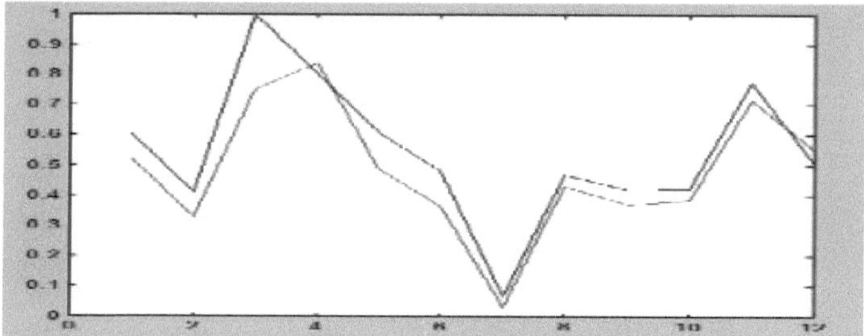

Figura 52 Previsão anual da precipitação na região de Anand

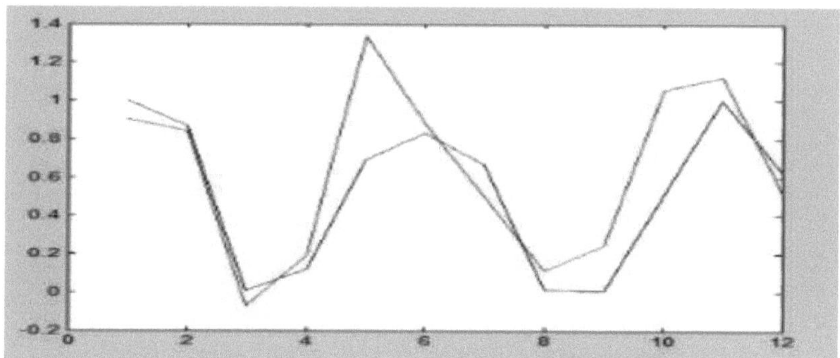

Figura 53 Previsão anual da precipitação na região de Navsari

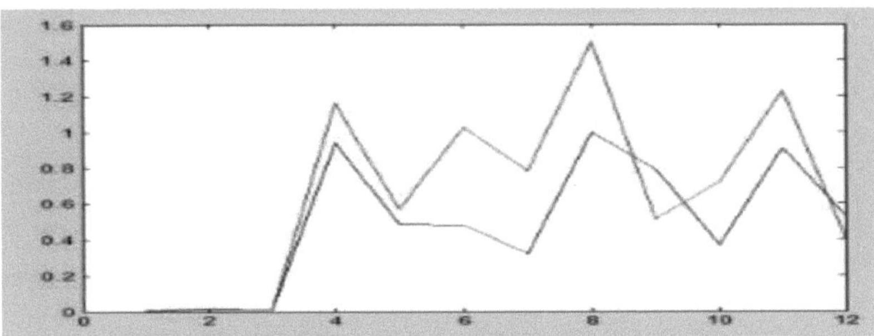

Figura 54 Previsão anual da precipitação na região de S.K.Nagar

Tabela 6 Parâmetros do AG e da RNA para a previsão da precipitação

Tipo de previsão	Modelos de previsão	Parâmetros GA		Parâmetros ANN	
		Nome	Valor	Nome	Valor
mensal	FFNN	Geração máxima	500	Taxa de aprendizagem	0.1
		Dimensão da população	100	Neurónio oculto	10
		Probabilidade de mutação	0.1	Função de ativação	sigmoide
		Probabilidade de cruzamento	0.2	Algoritmo de formação	BPA
	TDNN	Geração máxima	1000	Taxa de aprendizagem	0.1
		Dimensão da população	10	Neurónio oculto	10
		Probabilidade de mutação	0.1	Função de ativação	Sigmoide, linear
		Probabilidade de cruzamento	0.2	Algoritmo de formação	BPA
				Atraso	3
	RBFNN	Geração máxima	1000	Taxa de aprendizagem	0.1
		Dimensão da população	100	Neurónio oculto	20
		Mutação	0.1	Função de ativação	sigmoide,
		probabilidade			linear
		Probabilidade de cruzamento	0.2	Algoritmo de formação	BPA
anual	FFNN	Geração máxima	2000	Taxa de aprendizagem	0.1
		Dimensão da população	100	Neurónio oculto	10
		Probabilidade de mutação	0.1	Função de ativação	Sigmoide
		Probabilidade de cruzamento	0.2	Algoritmo de formação	BPA
	TDNN	Geração máxima	1000	Taxa de aprendizagem	0.1
		Dimensão da população	10	Neurónio oculto	10

		Probabilidade de mutação	0.1	Função de ativação	Sigmoide, linear
		Probabilidade de cruzamento	0.2	Algoritmo de formação	BPA
	RBFNN	Geração máxima	1000	Taxa de aprendizagem	0.1
		Dimensão da população	100	Neurónio oculto	20
		Probabilidade de mutação	0.1	Função de ativação	Sigmoide, linear
		Probabilidade de cruzamento	0.2	Algoritmo de formação	BPA
				Atraso	3

Quadro 7 Resultado da experiência do GA- FFNN, GA-RBFNN i, e GA-TDNN

Conjuntos de dados	Tipo de previsão	Técnica de rede neural	Erro de previsão		Exatidão	
			Formação	Ensaios	Formação	Ensaios
Anand	Mensal	GA-FFNN	0.17	0.10	82.87%	89.73%
		GA-RBFNN	0.29	0.18	70.25%	81.05%
		GA-TDNN	0.11	0.10	88.85%	89.83%
	Anual	GA-FFNN	0.14	0.28	85.67%	71.91%
		GA-TDNN	0.08	0.12	91.03%	87.87%
Navsari	Mensal	GA-FFNN	0.36	0.12	63.54%	87.47%
		GA-RBFNN	0.54	0.45	45.99%	54.43%
		GA-TDNN	0.23	0.18	76.78%	81.38%
	Anual	GA-FFNN	0.04	0.36	95.31%	63.72%
		GA-TDNN	0.22	0.12	77.17%	87.86%
S.K.Nagar	Mensal	GA-FFNN	0.07	0.05	92.72%	94.70%
		GA-RBFNN	0.02	0.01	97.58%	98.66%
		GA-TDNN	0.10	0.08	89.88%	91.32%
	Anual	GA-FFNN	0.29	0.67	70.70%	32.30%
		GA-TDNN	0.13	0.29	86.56%	70.13%

A exatidão apresentada na Tabela 7 é a média de 10 execuções para cada modelo. Da tabela acima, podemos concluir que o GA-FFNN dá resultados mais exactos em conjuntos de dados de precipitação mensal e o GA-TDNN dá resultados mais exactos em conjuntos de dados de precipitação anual. O GA-TDNN imita automaticamente a tendência do padrão relacionado com o tempo durante a fase de treino. O intervalo de amostragem dos dados anuais é de 365 dias, enquanto o intervalo de amostragem dos dados mensais é de 30 dias. Se aumentarmos o intervalo de tempo, o resultado pode ser melhor. Como se mostra na Tabela 7, o GA-TDNN dá melhores resultados para a previsão anual do que para a mensal, talvez devido ao facto de o intervalo de amostragem ser maior. Assim, o intervalo de amostragem do conjunto de dados de entrada é diretamente proporcional à precisão resultante, ou seja, quanto maior for o intervalo de amostragem dos dados de entrada, maior será a precisão do modelo. Enquanto o GA-FFNN não tem a capacidade de imitar automaticamente a tendência do padrão relacionado com o tempo durante a fase de treino. O GA-FFNN não fornece resultados exactos em conjuntos de dados de precipitação anual porque requer um maior número de conjuntos de dados para obter resultados mais exactos do modelo de previsão. Por conseguinte, o GA-FFNN dá melhores resultados para a previsão mensal. O GA-TDNN requer um maior intervalo de amostragem dos dados de entrada, mas os dados mensais não contêm um grande intervalo de dados de entrada (o intervalo de amostragem dos dados mensais é de 30 dias). Por vezes, são possíveis ruídos e distorções associados à flutuação aleatória dos dados mensais de precipitação. Por conseguinte, o GA-TDNN não fornece bons resultados para os dados de precipitação mensais.

O GA requer um número máximo de gerações para obter um resultado exato do modelo. A FFNN é uma rede estática e com menos memória, que é eficaz para o mapeamento estático não linear. Mas a TDNN é dinâmica e a memória é gerada por uma unidade de atraso temporal que constitui uma linha de atraso com derivação. A linha de atraso com derivação é utilizada para armazenar as entradas anteriores. À medida que a linha de atraso com derivação aumenta, é necessário mais tempo de formação. Assim, a TDNN requer mais geração máxima de AG para obter resultados mais exactos e a FFNN requer menos geração máxima de AG para obter resultados mais exactos.

A RNA não foi capaz de prever os picos em todos os casos. Assim, se aumentarmos o tamanho do conjunto de dados de treino, este problema pode ser ultrapassado. Na região de Anand, o tamanho do conjunto de dados de treino é maior do que na região de Navsari e S.K.Nagar, pelo que o problema da deteção de picos não se verificou na região de Anand, como se pode ver nas fig. 41 e 49. Os modelos GA-FFNN e GA-TDNN não conseguiram prever com exatidão os valores de pico da precipitação anual durante o período de teste devido à pequena dimensão do conjunto de dados de treino, como se pode ver nas figuras 45, 53 e 54. Observa-se que o modelo ANN produziu previsões negativas para alguns meses com precipitação nula, como mostram as figuras 49, 50 e 51, o que não é possível na prática. O problema da previsão negativa ocorreu devido à capacidade de extrapolação do mecanismo de retropropagação feed-forward. Para evitar a capacidade de extrapolação, é necessário utilizar dados de treino suficientes.

Conclusões

Nesta dissertação, são discutidos os passos da previsão da precipitação utilizando NN, o levantamento de diferentes NNs utilizadas pelos investigadores para a previsão da precipitação e as questões que requerem atenção na aplicação de redes neuronais para a previsão da precipitação. ARIMA, GA-FFNN, GA-RBFNN e GA-TDNN foram concebidos e implementados para criar modelos de previsão da precipitação utilizando diferentes conjuntos de dados de valores anuais e mensais. Para cada um dos conjuntos de dados, 4 anos de dados previstos na previsão mensal e 15 anos de dados previstos na previsão anual. Cada um dos conjuntos de dados contém o nível de precipitação (medido em mm) durante o período de 1958 a 2014 para um total de 56 anos da região de Anand, 1984 a 2014 para um total de 34 anos da região de Navsari e 1980 a 2014 para um total de 30 anos da região de S.K.Nagar. Foram aplicados três testes de homogeneidade (SNHT, BR e Pettit) para detetar a variabilidade das variáveis meteorológicas (temperatura mínima, temperatura máxima, evaporação, humidade relativa e precipitação) registadas nas estações de Anand, Navsari e S.K.Nagar. Os resultados dos testes de homogeneidade sugerem que as séries temporais das variáveis meteorológicas são homogéneas. O modelo GA-FFNN obteve uma precisão de previsão da precipitação mensal de 89,73%, 87,47% e 94,70% para as regiões de Anand, Navsari e S.K.Nagar, respetivamente. Na previsão anual, o modelo alcançou uma precisão de 71,91%, 63,72% e 32,30% para as regiões de Anand e Navsari, respetivamente. O modelo GA-RBFNN alcançou uma exatidão de 81,05%, 54,43% e 98,66% na previsão mensal da precipitação para as regiões de Anand, Navsari e S.K.Nagar, respetivamente. O modelo GA-TDNN obteve uma exatidão de previsão da precipitação mensal de 89,83%, 81,38% e 91,32% para as regiões de Anand, Navsari e S.K.Nagar, respetivamente. Na previsão anual, o modelo alcançou uma exatidão de 87,87%, 87,86% e 70,13% para as regiões de Anand, Navsari e S.K.Nagar, respetivamente. O GA-FFNN dá resultados exactos (94,20%, 93,30% e 94,81%) no conjunto de dados de precipitação mensal com os dados de teste. O GA-TDNN dá resultados exactos (87,87%, 87,86% e 70,13%) no conjunto de dados de precipitação anual com os dados de teste, porque o intervalo de amostragem do conjunto de dados de entrada é diretamente proporcional à precisão resultante, ou seja, quanto maior for o intervalo de amostragem dos dados de entrada, maior será a precisão do modelo. A vantagem do GA-TDNN em relação ao GA-FFNN é o facto de guardar a informação relevante do passado e utilizar a memória para prever eventos futuros. O nosso plano futuro é utilizar outros parâmetros meteorológicos (como a temperatura do solo, a cobertura de nuvens e a pressão de vapor, etc.) como entradas e utilizar um algoritmo de treino diferente para obter resultados mais exactos.

Apêndice

Código R do ARIMA:

```
rain.ts <- read.table("rainSK.txt", sep="\t", header=TRUE) # ler dados
raints <- ts(rain.ts, frequency=12, start=c(1980,1)) # frequência=12 para dados mensais, frequência=1 para dados anuais
chuvas
par(mfrow=c(2,3)) # Criar uma janela de plotagem com vários painéis
ts.plot(rain.ts,ylab="rf",main="dados mensais")
chuva <- chuva.ts[,1]
acf(rain.ts,20,xlim=c(1,20),main="RF")
pacf(rain.ts,20,ylim=c(-.2,1),main="RF")
library(forecast)
biblioteca(zoo)
biblioteca(fArma)
biblioteca(timeSeries)
#     selecionar o valor de AR e MA
fit10 <- armaFit(rain~arma(1,0),rain.ts)
fit20 <- armaFit(rain~arma(2,0),rain.ts)
fit11 <- armaFit(rain~arma(1,1),rain.ts)
fit21 <- armaFit(rain~arma(2,1),rain.ts)
fit12 <- armaFit(rain~arma(1,2),rain.ts)
fit31 <- armaFit(rain~arma(3,1),rain.ts)
#     encontrar critérios de informação Akike
AICs <- c(fit10@fit$aic,fit20@fit$aic,fit11@fit$aic,fit21@fit$aic,fit12@fit$aic,fit31@fit$aic)
minAIC <- min(AICs)
AICs-minAIC
chuva <- ts(chuva)
nobs <- length(rain)
biblioteca(miscTools)
biblioteca(maxLik)
#     Modelação ARIMA sazonal, período = 12 para dados mensais, período = 1 para dados anuais
#     ML- Probabilidade máxima
#     Obter o valor mínimo de AR e MA do AIC
ajuste <-
arima(rain,order=c(1,0,2),seasonal=list(order=c(0,1,1),period=12),method="ML",include.mean=F,xreg=1:nobs)
fore <- predict(fit,48,newxreg=(nobs+1):(nobs+48))
frente
#     encontrar os resíduos
erro <- resid(fit)
acf(erro)
ts.plot(rain,fore$pred,col=1:2,main="Forecast")
lines(fitted(fit),col="blue")
U <- fore$pred + 2*fore$se
L <- fore$pred - 2*fore$se
minx <- min(rain,L)
maxx <- max(rain,U)
ts.plot(rain,fore$pred,col=1:2, ylim=c(minx,maxx))
lines(U, col="blue", lty="dashed")
lines(L, col="blue", lty="dashed")
precisão(ajuste)
ts.plot(rain,fore$pred,col=1:2,main="Forecast") y <- read.table("frainSK.txt",header=TRUE)
ts.plot(rain,fore$pred,col=1:2,main="Forecast") par(new=TRUE)
ts.plot(y,main="Rainfall")
```

Código MATLAB do GA-FFNN:

1. gaffn.m

```
clc
claro
%% Estrutura de rede estabelecida
% Ler dados
Dados de formação e dados de previsão
input_train = xlsread('4ipskyear.xlsx');
output_train = xlsread('rainySK.xlsx');
inp_test=input_train(26:31,:);
input_train=input_train(1:25,:);
out_test=output_train(26:31,:);
output_train=output_train(1:25,:);
% O número de nós
padrões = size(input_train,1);
inputnum = size(input_train,2);
hiddennum = 15;
outputnum = size(output_train,2);
minError = 0,001;
eta = 0,1;
%% Inicialização dos parâmetros do algoritmo genético
maxgen=2000;      % Álgebra de evolução, nomeadamente o número de iterações
sizepop=100;      % Tamanho da população
pcross=0.2; % de probabilidade de selecionar um cruzamento entre 0 e 1
pmutation=0.1;      % Escolha da probabilidade de mutação entre 0 e 1 %
Número total de nós
numsum=inputnum*hiddennum+hiddennum+hiddennum*outputnum+outputnum;
lenchrom=ones(1,numsum);
bound=[-3*ones(numsum,1) 3*ones(numsum,1)]; % Intervalo de dados
    %Inicialização da população
individuals=struct('fitness',zeros(1,sizepop), 'chrom',[]); % A população
a informação é definida como uma estrutura
avgfitness=[];      % Da aptidão média do
população em cada geração
bestfitness=[];     % Aptidão óptima de cada geração
população
bestchrom=[];       % Melhor aptidão do cromossoma
% População inicial
for i=1:sizepop
% de população gerada aleatoriamente
individuals.chrom(i,:)=Code(lenchrom,bound); % Codificação
x=individuals.chrom(i,:);
% Calcular a aptidão dos
indivíduos.fitness(i)=function(x,inputnum,hiddennum,outputnum,input_train,o
u tput_train); %Cromossomas de aptidão
fim
FitRecord=[];
% Encontrar o melhor cromossoma
[bestfitness,bestindex]=min(individuals.fitness);
bestchrom=individuals.chrom(bestindex,:); % Melhor cromossoma
avgfitness=sum(individuals.fitness)/sizepop; % Aptidão média dos
cromossomas % Registar a evolução de cada geração da melhor aptidão e da
aptidão média trace=[avgfitness bestfitness];
%% Solução iterativa de limiares e pesos iniciais óptimos
% A evolução começou para i=1:maxgen % Selecionar
indivíduos=selecionar(indivíduos,sizepop);
```

```
avgfitness=soma(indivíduos.fitness)/sizepop;
% Cruz
indivíduos.chrom=Cross(pcross,lenchrom,indivíduos.chrom,sizepop,bound);
% de variação
indivíduos.chrom=Mutação(pmutation,lenchrom,indivíduos.chrom,sizepop,i,max
gen,bound);
% Calcular a aptidão
para j=1:sizepop
x=individuals.chrom(j,:); % Descodificação
indivíduos.fitness(j)=função(x,inputnum,hiddennum,outputnum,input_train,ou
tput_train);
fim
% Determinar a aptidão mínima e máxima dos cromossomas e a sua posição na
população de
[newbestfitness,newbestindex]=min(indivíduos.fitness);
[worestfitness,worestindex]=max(indivíduos.fitness); % Em vez de uma
evolução no melhor cromossoma se bestfitness>newbestfitness
bestfitness=newbestfitness;
bestchrom=individuals.chrom(newbestindex,:); fim
indivíduos.chrom(worestindex,:)=bestchrom;
indivíduos.fitness(worestindex)=bestfitness;
avgfitness=soma(indivíduos.fitness)/sizepop;
trace=[trace;avgfitness bestfitness]; % Registar a evolução de cada geração
da melhor aptidão e da aptidão média
FitRecord=[FitRecord;individuals.fitness];
fim figura(1)
[r,c]=size(trace);
plot((1:r)',trace(:,2),'b--');
title(['Aptidão das curvas ' 'Álgebra de terminação?' num2str(maxgen)]);
xlabel('Álgebra de evolução');ylabel('Aptidão');
legenda('Aptidão média','Melhor aptidão');
disp('FitnessVariable    ');
Parâmetros de evolução da rede
padrões = size(input_train,1);
numEpochs = 1000;
minError = 0,001;
eta = 0,1; % parâmetro de aprendizagem
% Ponderações e enviesamentos
w1=bestchrom(1:inputnum*hiddennum);
B1=bestchrom(inputnum*hiddennum+1:inputnum*hiddennum+hiddennum);
w2=bestchrom(inputnum*hiddennum+hiddennum+1:inputnum*hiddennum+hiddennum+hi
dd ennum*outputnum);
B2=bestchrom(inputnum*hiddennum+hiddennum+hiddennum*outputnum+1:inputnum*hi
dd ennum+hiddennum+hiddennum*outputnum+outputnum);
wih=reshape(w1,hiddennum,inputnum);
bih=reshape(B1,hiddennum,1);
who=reshape(w2,outputnum,hiddennum);
bho=reshape(B2,outputnum,1);
minWih = wih;
minWho = quem;
minBih = bih;
minBho = bho;
minerr = realmax;
para época = 1:1:numEpochs
para entrada = 1:1:padrões
% de entrada na camada oculta
```

```
firstLayerInput = (input_train(input,:))';
firstLayerV = wih*firstLayerInput + bih;
firstLayerOutputY = logsig(firstLayerV);
% da camada oculta para a camada de saída
secondLayerV = who * firstLayerOutputY + bho;
secondLayerOutputY = logsig(secondLayerV);
erro = secondLayerOutputY - output_train(input);
% encontrar delta
secondLayerDelta = secondLayerOutputY*(1-secondLayerOutputY)*erro;
firstLayerDelta = (firstLayerOutputY.*(1-
firstLayerOutputY)).*(who'*secondLayerDelta);
% actualiza os pesos e os desvios
who = who - eta.*(secondLayerDelta*firstLayerOutputY');
bho = bho - eta.*secondLayerDelta;
wih = wih - eta.*(firstLayerDelta*firstLayerInput');
bih = bih - eta.*firstLayerDelta;
fim
firstLayerInput = input_train';
firstLayerV = wih*firstLayerInput + repmat(bih, 1, patterns);
firstLayerOutputY = logsig(firstLayerV);
secondLayerV = who * firstLayerOutputY + repmat(bho, 1, patterns);
secondLayerOutputY = logsig(secondLayerV);
%secondLayerOutputY = purelin(secondLayerV);
erros = secondLayerOutputY - output_train';
err(epoch) = (sum(errors.^ 2))^ 0.5;
se minerr>err(epoch)
minerr = err(epoch);
minWih = wih; minWho = who; minBih = bih; minBho = bho; fim
se err(epoch) < minError break;
fim fim
% treinar a rede neural depois de atualizar os pesos e as polarizações
firstLayerInput = input_train';
firstLayerV = minWih*firstLayerInput + repmat(minBih, 1, patterns);
firstLayerOutputY = logsig(firstLayerV);
secondLayerV = minWho * firstLayerOutputY + repmat(minBho, 1, patterns);
secondLayerOutputY1 = logsig(secondLayerV);
erros = secondLayerOutputY1 - output_train';
err = (sum(errors.^ 2))^ 0.5;
RHO=corr(output_train,secondLayerOutputY1','Type','spearman');
disp('spearman corr') disp(RHO);
output_train=output_train';
TrainingError=(output_train-secondLayerOutputY1)/output_train;
disp('TrainingError');
disp(TrainingError);
TrainingAccuracy=max(0,100-abs(TrainingError*100));
disp('TrainingAccuracy');
disp(TrainingAccuracy);
% testar a rede neural
padrões = tamanho(inp_teste,1);
firstLayerInput = inp_test';
firstLayerV = minWih*firstLayerInput + repmat(minBih, 1, patterns);
firstLayerOutputY = logsig(firstLayerV);
secondLayerV = minWho * firstLayerOutputY + repmat(minBho, 1, patterns);
secondLayerOutputY = logsig(secondLayerV);
erros = secondLayerOutputY - out_test';
err = (sum(errors.^ 2))^ 0.5;
```

```
figura,
plot(secondLayerOutputY,'color','r');
aguentar;
plot(out_test);
aguentar;
RHO=corr(out_test,secondLayerOutputY','Type','spearman');
disp('spearman corr')
disp(RHO);
out_test=out_test";
% out_test=output_train';
TestingError=(out_test-secondLayerOutputY)/out_test;
disp('TestingError');
disp(TestingError);
TestingAccuracy=max(0,100-abs(TestingError*100));
disp('TestingAccuracy');
disp(TestingAccuracy);
```

2. Código.m

```
function ret=Code(lenchrom,bound)
% Esta função vai codificar a variável em cromossomas, para uma população
de inicialização aleatória
            % lenchrom   entrada :  Cromossoma comprimento
            % vinculado  entrada :  A gama      de variáveis
            % ret        saída:     Cromossoma  valor
                                                codificado
bandeira=0;
enquanto flag==0
pick=rand(1,length(lenchrom));
ret=bound(:,1)'+(bound(:,2)-bound(:,1))'.*pick; % Interpolação linear, a
codificação resulta num vetor real armazenado ret
flag=test(lenchrom,bound,ret); %Controlo de viabilidade dos cromossomas end
```

3. função.m

```
erro de função =
fun1(x,inputnum,hiddennum,outputnum,input_train,output_train) % Esta função
é utilizada para calcular o valor de aptidão
%x entrada Individual
%inputnum input Nós da camada de entrada
%outputnum entrada Nós da camada oculta
%input_train input Dados de entrada de treino %output_train input Dados de
saída de treino %erroroutput  Valor de aptidão individual
padrões = size(input_train,1);
% Pesos de extração e enviesamentos
w1=x(1:inputnum*hiddennum);
B1=x(inputnum*hiddennum+1:inputnum*hiddennum+hiddennum);
w2=x(inputnum*hiddennum+hiddennum+1:inputnum*hiddennum+hiddennum+hiddennum+
hiddennum*outputnum);
B2=x(inputnum*hiddennum+hiddennum+hiddennum*outputnum+1:inputnum*hiddennum+
hiddennum+hiddennum*outputnum+outputnum);
% Ponderadores de rede atribuídos
wih=reshape(w1,hiddennum,inputnum);
bih=reshape(B1,hiddennum,1);
who=reshape(w2,outputnum,hiddennum);
bho=reshape(B2,outputnum,1);
% Saída de rede
```

```
firstLayerInput = input_train';
firstLayerV = wih*firstLayerInput + repmat(bih, 1, patterns);
firstLayerOutputY = logsig(firstLayerV);
secondLayerV = who * firstLayerOutputY + repmat(bho, 1, patterns);
secondLayerOutputY = logsig(secondLayerV);
erros = secondLayerOutputY - output_train';
error = (sum(errors.^ 2))^ 0.5;
```

4. selecionar.m

```
function ret=select(individuals,sizepop)
% de cromossomas são selecionados para cruzamento e mutação
% input : Informação sobre a população
% sizepop: input :Tamanho da população
% ret output : Após a seleção da população
Baseado no valor da seleção de aptidão individual
fitness1=10./individuals.fitness;
sumfitness=soma(fitness1);
sumf=fitness1./sumfitness;
index=[];
for i=1:sizepop
pick=rand;
enquanto pick==0 pick=rand;
fim
for j=1:sizepop pick=pick-sumf(j);
se pick<0
índice=[índice j];
break; % Encontrar a queda do intervalo, a roleta selecionou o cromossoma
i, Nota: Durante a segunda volta da roleta sizepop, pode haver seleção
repetida de certos cromossomas end
fim
fim
indivíduos.chrom=indivíduos.chrom(índice,:);
indivíduos.fitness=indivíduos.fitness(índice); ret=indivíduos;
```

5. Cruz.m

```
function ret=Cross(pcross,lenchrom,chrom,sizepop,bound)
%   Esta função é completada com o crossover
%      pcorssinput :Probabilidade de       cruzamento
%   lenchrom input : O comprimento do cromossoma
%      chrominput  :     Grupo de cromossomas
%      sizepopinput      :     Tamanho da população
%      resultados  :     Após  cruzamento   de cromossomas
for i=1:sizepop
pick=rand(1,2);
enquanto prod(palheta)==0
pick=rand(1,2);
fim
index=ceil(pick.*sizepop); % Arredondar para infinito positivo disp(index);
% Probabilidade de cruzamento decidir se o cruzamento deve ser efectuado
pick=rand;
enquanto pick==0
pick=rand;
fim
se pick>pcross continuar;
fim
bandeira=0;
enquanto flag==0
```

```
Seleção aleatória de bits cruzados
pick=rand;
enquanto pick==0
pick=rand;
fim
pos=ceil(pick.*sum(lenchrom)); % Posição de cruzamento selecionada aleatoriamente, ou seja, selecionar o primeiro cruzamento de várias variáveis, nota: as mesmas duas posições de intersecção cromossómica
pick=rand; %início do cruzamento v1=chrom(index(1),pos);
v2=chrom(index(2),pos);
chrom(index(1),pos)=pick*v2+(1-pick)*v1;
chrom(index(2),pos)=pick*v1+(1-pick)*v2; % Extremidade cruzada
flag1=test(lenchrom,bound,chrom(index(1),:)); %Examinar a viabilidade do cromossoma 1
flag2=test(lenchrom,bound,chrom(index(2),:)); %Examinar a viabilidade do cromossoma 2
se flag1*flag2==0
bandeira=0;
senão flag=1;
end % Se os dois cromossomas não forem viáveis, então novo cruzamento end
fim
ret=crom;
```

6. Mutação.m função ret=

```
Mutação(pmutation,lenchrom,chrom,sizepop,num,maxgen,bound)
%Esta função    a operação de mutação está concluída
%pmutação       entrada      : Probabilidade de mutação
%lenchrom       entrada      : Comprimento do cromossoma
%croma          entrada      : Grupo de cromossomas
%sizepop        entrada      : Dimensão da população
%opções         entrada      : Selecionar o método de variação
%vinculado      entrada      : O intervalo de variáveis
%maxgen         entrada      : O número máximo de iterações
%num            entrada      : Iterações actuais
%ret            resultado    : Após aberrações cromossómicas

for i=1:sizepop % Um para cada ciclo, pode conduzir uma mutação, o cromossoma é selecionado aleatoriamente, a posição de variação é selecionada aleatoriamente,
% Mas a roda para a mutação do ciclo se a decisão pela probabilidade de mutação (continuar Controlo)
Seleção aleatória de uma mutação cromossómica
pick=rand;
enquanto pick==0
pick=rand;
fim
index=ceil(pick*sizepop);
A probabilidade de mutação decide se a variação do ciclo da roda é
pick=rand;
se pick>pmutation continuar;
fim
bandeira=0;
enquanto flag==0
% Variação de posição
pick=rand;
enquanto pick==0
```

```
pick=rand;
fim
pos=ceil(pick*sum(lenchrom)); % Localização da mutação cromossómica
selecionada aleatoriamente, escolha a primeira variável pos a sofrer
mutação
pick=rand; % Início da variação
fg=(rand*(1-num/maxgen))^ 2;
se a seleção>0,5
chrom(i,pos)=chrom(i,pos)+(bound(pos,2)-chrom(i,pos))*fg; senão
chrom(i,pos)=chrom(i,pos)-(chrom(i,pos)-bound(pos,1))*fg; end % Variação
final
flag=test(lenchrom,bound,chrom(i,:)); % Viabilidade
inspeção dos cromossomas
fim
end ret=chrom;
```

7. teste.m

```
function flag=test(lenchrom,bound,code)
```

% lenchrom	entrada :	Cromossoma	comprimento
% vinculado	entrada :	A gama	de variáveis
Código	saída:	Cromossoma	valor codificado

```
x=código; % Primeiro sinal de descodificação=1;
fim
```

Código MATLAB do GA-TDNN: 1. gatdnn.m

```
claro claro
%% Estrutura de rede estabelecida % Ler dados
% Dados de treino e dados de previsão output_train =
xlsread('rainskmnth.xlsx');
out_test=output_train(325:372,:);
output_train=output_train(1:324,:);
atraso = 3;
% O número de nós inputnum = delay+1; hiddennum = 10; outputnum = 1;
minError = 0,001; eta = 0,1;
%% Inicialização dos parâmetros do algoritmo genético
maxgen=1000;      % Álgebra de evolução, nomeadamente o número de
iterações sizepop=10;   % Tamanho da população
pcross=0.2; % de probabilidade de selecionar um cruzamento entre 0
e 1 pmutation=0.1;     % Escolha da probabilidade de mutação entre 0 e
1 % Número total de nós
numsum=inputnum*hiddennum+hiddennum+hiddennum*outputnum+outputnum;
lenchrom=ones(1,numsum);
bound=[-3*ones(numsum,1) 3*ones(numsum,1)]; % Intervalo de dados
   %Inicialização da população
individuals=struct('fitness',zeros(1,sizepop), 'chrom',[]); % A população
a informação é definida como uma estrutura
avgfitness=[];     % Da aptidão média do
população em cada geração
bestfitness=[];    % Aptidão óptima de cada geração
população
bestchrom=[];      % Melhor aptidão do cromossoma
% População inicial para i=1:sizepop % De uma população de gerados
aleatoriamente
individuals.chrom(i,:)=Code(lenchrom,bound); % Codificação
```

```
x=individuals.chrom(i,:); % Calcular a aptidão
individuals.fitness(i)=function(x,inputnum,hiddennum,outputnum,output_train
,d elay); %Cromossomas aptos fim
FitRecord=[];
% Encontrar o melhor cromossoma
[bestfitness,bestindex]=min(individuals.fitness);
bestchrom=individuals.chrom(bestindex,:); % Melhor cromossoma
avgfitness=sum(individuals.fitness)/sizepop; % Aptidão média dos
cromossomas % Registar a evolução de cada geração da melhor aptidão e da
aptidão média trace=[avgfitness bestfitness];
%% Solução iterativa de limiares e pesos iniciais óptimos
% A evolução começou para i=1:maxgen
% Selecionar
indivíduos=select(indivíduos,sizepop);
avgfitness=sum(indivíduos.fitness)/sizepop; % Cruzamento
indivíduos.chrom=Cross(pcross,lenchrom,indivíduos.chrom,sizepop,bound); %
Variação
indivíduos.chrom=Mutação(pmutation,lenchrom,indivíduos.chrom,sizepop,i,max
gen,bound);
% Calcular a aptidão
para j=1:sizepop
x=individuals.chrom(j,:); % Descodificação
individuals.fitness(j)=function(x,inputnum,hiddennum,outputnum,output_train
,d elay);
fim
Encontrar a aptidão mínima e máxima dos cromossomas e a sua posição na
população
[newbestfitness,newbestindex]=min(individuals.fitness);
[worestfitness,worestindex]=max(indivíduos.fitness);
Em vez de uma evolução no melhor cromossoma
se melhor condição física>nova condição física
bestfitness=newbestfitness;
bestchrom=individuals.chrom(newbestindex,:);
fim
indivíduos.chrom(worestindex,:)=bestchrom;
indivíduos.fitness(worestindex)=bestfitness;
avgfitness=soma(indivíduos.fitness)/sizepop;
trace=[trace;avgfitness bestfitness]; % Registar a evolução de cada geração
da melhor aptidão e da aptidão média
FitRecord=[FitRecord;individuals.fitness];
fim figura(1)
[r,c]=size(trace);
plot((1:r)',trace(:,2),'b--');
title(['Aptidão das curvas ' 'Álgebra de terminação?' num2str(maxgen)]);
xlabel('Álgebra de evolução');ylabel('Aptidão');
legenda('Aptidão média','Melhor aptidão');
disp('FitnessVariable   ');
Parâmetros de evolução da rede
padrões = tamanho(treino_de_saída,1);
numEpochs = 5;
minError = 0,001;
eta = 0,1;
% Ponderações e enviesamentos
w1=bestchrom(1:inputnum*hiddennum);
B1=bestchrom(inputnum*hiddennum+1:inputnum*hiddennum+hiddennum);
w2=bestchrom(inputnum*hiddennum+hiddennum+1:inputnum*hiddennum+hiddennum+hi
```

```
dd ennum*outputnum);
B2=bestchrom(inputnum*hiddennum+hiddennum+hiddennum*outputnum+1:inputnum*hi
dd ennum+hiddennum+hiddennum*outputnum+outputnum);
wih=reshape(w1,hiddennum,inputnum);
bih=reshape(B1,hiddennum,1);
who=reshape(w2,outputnum,hiddennum);
bho=reshape(B2,outputnum,1);
minWih = wih;
minWho = quem;
minBih = bih;
minBho = bho;
minerr = realmax;
para época = 1:numEpochs
para i=delay+1:padrões
para j=1:hiddennum
% da camada de entrada para a camada oculta
inp = treino_de_saída(i-delay:i);
firstLayerV(j,:) = wih(j,:)*inp+(delay+1)*bih(j);
firstLayerOutputY(j,:) = logsig(firstLayerV(j,:)); fim
% da camada oculta para a camada de saída
secondLayerV = who * firstLayerOutputY + bho;
secondLayerOutputY = purelin(secondLayerV);
erro(i-atraso) = secondLayerOutputY - output_train(i);
secondLayerDelta = error(i-delay);
firstLayerDelta = (firstLayerOutputY.*(1-
firstLayerOutputY)).*(who'*secondLayerDelta);
who = who - eta.*(secondLayerDelta*firstLayerOutputY');
bho = bho - eta.*secondLayerDelta;
para j=1:hiddennum
wih(j,:) = wih(j,:) - eta.*(firstLayerDelta(j,:)*firstLayerV(j,:));
bih(j,:) = bih(j,:) - eta.*firstLayerDelta(j,:);
fim fim
err(epoch) = (sum(error.^ 2))^ 0.5;
se minerr>err(epoch) minerr = err(epoch); minWih = wih; minWho = who;
minBih = bih;
minBho = bho;
fim
se err(epoch) < minError break;
fim fim
%%previsão de treino
para i=delay+1:padrões
para j=1:hiddennum
inp = treino_de_saída(i-delay:i);
firstLayerV = wih(j,:)*inp+(delay+1)*bih(j); firstLayerOutputY(j,:) =
logsig(firstLayerV); fim
secondLayerV = who * firstLayerOutputY + bho;
secondLayerOutputY(i-delay,:) = purelin(secondLayerV);
errors(i-delay,:) = secondLayerOutputY(i-delay,:) - output_train(i); end
original_output = output_train(delay+1:end, :); predicted_output =
secondLayerOutputY;
RHO=corr(original_output,predicted_output,'Type','spearman');
disp('spearman corr') disp(RHO);
original_output=original_output';
predicted_output=predicted_output';
TrainingError=(original_output-predicted_output)/original_output;
disp('TrainingError');
```

```
disp(TrainingError);
TrainingAccuracy=max(0,100-abs(TrainingError*100));
disp('TrainingAccuracy');
disp(TrainingAccuracy);
padrões = size(out_test,1);
% de previsão de ensaio
firstLayerV = [];
firstLayerOutputY = [];
secondLayerOutputY = [];
para i=delay+1:padrões
para j=1:hiddennum
inp = out_test(i-delay:i);
firstLayerV = wih(j,:)*inp+(delay+1)*bih(j);
firstLayerOutputY(j,:) = logsig(firstLayerV);
fim
secondLayerV = who * firstLayerOutputY + bho;
secondLayerOutputY(i-delay,:) = purelin(secondLayerV);
errors(i-delay,:) = secondLayerOutputY(i-delay,:) - out_test(i); end
original_output = out_test(delay+1:end, :); predicted_output =
secondLayerOutputY;
RHO=corr(original_output,predicted_output,'Type','spearman');
disp('spearman corr') disp(RHO);
original_output=original_output'; predicted_output=predicted_output';
TestingError=(original_output-predicted_output)/original_output;
disp('TestingError');
disp(TestingError);
TestingAccuracy=max(0,100-abs(TestingError*100));
disp('TestingAccuracy');
disp(TestingAccuracy);
figura,
plot(secondLayerOutputY,'color','r');
aguentar;
plot(out_test(delay+1:end, :)); hold off;
```

2. function.m

```
função [erro,secondLayerOutputY] =
function(x,inputnum,hiddennum,outputnum,output_train,delay)
% x:              entrada Individual
                        :
                  entrada
% inputnum:             :Nós da camada de entrada
% outputnum:      entradaNós da camada de saída
                        :
% de atraso:      entradaAtraso de entrada
                        :
                 entrada
% output_train: :       Dados de saída de treino
% de erro:       saída:  Valor de aptidão individual
padrões =                comboio,1);
tamanho(output_ %
Extrato
w1=x(1:inputnum*hiddennum);
B1=x(inputnum*hiddennum+1:inputnum*hiddennum+hiddennum);
w2=x(inputnum*hiddennum+hiddennum+1:inputnum*hiddennum+hiddennum+hiddennum
*outputnum);
B2=x(inputnum*hiddennum+hiddennum+hiddennum*outputnum+1:inputnum*hiddennum
```

```
+hiddennum+hiddennum*outputnum+outputnum);
% Ponderadores de rede atribuídos
wih=reshape(w1,hiddennum,inputnum);
bih=reshape(B1,hiddennum,1);
who=reshape(w2,outputnum,hiddennum);
bho=reshape(B2,outputnum,1);
para i=delay+1:padrões
para j=1:hiddennum
inp = treino_de_saída(i-delay:i);
firstLayerV = wih(j,:)*inp+(delay+1)*bih(j);
firstLayerOutputY(j,:) = logsig(firstLayerV); fim
secondLayerV = who * firstLayerOutputY + bho;
secondLayerOutputY = purelin(secondLayerV);
errors(i-delay,:) = secondLayerOutputY - output_train(i);
fim
% Saída de rede
error = (sum(errors.^ 2))^ 0.5;
```
Nota: Code.m, Mutation.m, select.m, test.m e Cross.m são iguais ao código anterior.

Referências

[1] H. R. Maier e G. C. Dandy, "Neural networks for the prediction and forecasting of water resources variables: a review of modelling issues and applications," Environmental modelling & software, vol. 15, no. 1, pp. 101-124, 2000.

[2] S. K. Nanda, D. P. Tripathy, S. K. Nayak, e S. Mohapatra, "Prediction of rainfall in India using Artificial Neural Network (ANN) models," Int. J. of Intell. Syst. and Applicat., vol. 5, no. 12, pp. 1-22, 2013.

[3] V. K. Somvanshi, O. P. Pandey, P. K. Agrawal, N. V. Kalankerl, M. R. Prakash e R. Chand," Modelling and prediction of rainfall using artificial neural network and ARIMA techniques" National Geophysical Research Institute, Hyderabad -500 007, Vol.10, No.2, pp.141-151.

[4] A. K. Sahai, M. K. Soman, e V. Satyan, "All India summer monsoon rainfall prediction using an Artificial Neural Network," Climate dynamics, vol. 16, no. 4, pp. 291-302, 2000.

[5] D. R. Nayak, A. Mahapatra, e P. Mishra, "A Survey on rainfall prediction using Artificial Neural Network," Int. J. of Comput. Applicat.,vol. 72, no. 16, pp. 32-40, 2013.

[6] K. C. Luk, J. E. Ball, e A. Sharma , "An application of Artificial Neural Networks for rainfall forecasting," Mathematical and Comput. modelling, vol. 33, no. 6, pp. 683-693, 2001.

[7] J. Abbot e J. Marohasy, "Application of Artificial Neural Networks to rainfall forecasting in Queensland, Australia," Advances in Atmospheric Sci.,vol. 29, no. 4, pp. 717-730, 2012.

[8] V. K. Dabhi e S. Chaudhary, "Hybrid Wavelet-Postfix-GP model for rainfall prediction of Anand region of India," Advances in Artificial Intell, pp. 1-11, 2014.

[9] N. S. Philip e K. B. Joseph, "A Neural Network tool for analyzing trends in rainfall," Comput. & Geosci.,vol. 29, no. 2, pp. 215-223, 2003.

[10]N. Chantasut, C. Charoenjit, and C. Tanprasert, "Predictive mining of rainfall predictions using artificial neural networks for Chao Phraya River," 4th Int Conf, of the Asian Federation of Inform. Technology in Agriculture and the 2nd World Congr. on Comput. in Agriculture and Natural Resources, Banguecoque, Tailândia, pp. 117-122, 2004.

[11]K. K. Htike e O. O. Khalifa, "Rainfall forecasting models using Focused Time-Delay Neural Networks," Comput. and Commun. Eng. (ICCCE), Int. Conf, on IEEE, 2010.

[12]M. A. Sharma e J. B. Singh, "Comparative Study of rainfall forecasting models," New York Sci. J., pp. 115-120, 2011.

[13]N. S. Philip e K. B. Joseph, "On the predictability of rainfall in Kerala-An application of ABF neural network", Computational Science-ICCS, Springer Berlin Heidelberg, pp. 1-12, 2001.

[14]G. Shrivastava, S. Karmakar, and M. K. Kowar, "BPN model for long-range forecast of monsoon rainfall over a very small geographical region and its verification for 2012," Geofizika, vol. 30, no. 2, pp. 155-172, 2013.

[15]R. R. Deshpande, "On the rainfall time series prediction using Multilayer Perceptron Artificial Neural Network," Int. J. of Emerging Technology and Advanced Eng., vol. 2, no. 1, pp. 148-153, 2012.

[16]P. Goswami e Srividya, "A novel Neural Network design for long range prediction of rainfall pattern," Current Sci.(Bangalore), vol. 70, no. 6, pp. 447-457, 1996.

[17]P.Guhathakurta, "Previsão da precipitação de monção a longo prazo para subdivisões meteorológicas da Índia utilizando um modelo determinístico de rede neural artificial," Meteorologia e Física Atmosférica 101, pp. 93-108, 2008.

[18] S. Chattopadhyay, "Anticipation of summer monsoon rainfall over India by Artificial Neural Network with Conjugate Gradient Descent Learning", arXiv preprint nlin/0611010, pp. 2-14, 2006.

[19] S. Chattopadhyay e M. Chattopadhyay, "A Soft Computing technique in rainfall forecasting," Int. Conf, on IT, HIT, pp. 19-21, 2007.

[20] S. Chattopadhyay e G. Chattopadhyay, "Comparative study among different neural net learning algorithms applied to rainfall time series," Meteorological applicat., vol. 15, no. 2, pp. 273-280, 2008.

[21] S. Chattopadhyay, "Feed forward Artificial Neural Network model to predict the average summer-monsoon rainfall in India," Ata Geophysica, vol. 55, no. 3, pp. 369-382, 2007. Sulochana Gadgil et al., "Monsoon prediction- why yet another failure?" (Previsão das monções - porquê outro fracasso?) Artigos de carácter geral.

[22] C. Venkatesanet, S. D. Raskar , S. S. Tambe , B. D. Kulkarni , and R. N. Keshavamurty , "Prediction of all India summer monsoon rainfall using Error-Back-Propagation Neural Networks," Meteorology and Atmospheric Physics, pp. 225-240, 1997.

[23] C. L. Wu, K. W. Chau, e C. Fan, "Prediction of rainfall time series using Modular Artificial Neural Networks coupled with data-preprocessing techniques," J. of hydrology, vol. 389, no. 1, pp. 146-167, 2010.

[24] C. L Wu e K. W. Chau, "Prediction of rainfall time series using modular soft computing methods," Eng. Applicat. of Artificial Intell., vol. 26, no. 3, pp. 997-1007,2013.

[25] Priya, Shilpi, Vashistha, e V. Singh, "Time Series Analysis of Forecasting Indian Rainfall," Int. J. of Innovations & Advancement in Comput. Sci., vol. 3, no. 1, pp. 66-69, 2014.

[26] A. R. Naik, S. K.Patha, "Classificação e previsão de chuvas de monções indianas usando uma rede neural artificial robusta de retropropagação". Revista Internacional de Tecnologia Emergente e Engenharia Avançada, Volume 3, Edição 11, novembro de 2013.

[27] S. S. Chinchorkar, V. B. Vaidya e V. Pandey, "Long range forecast of South-West monsoon rainfall for 2013 for different regions of Gujarat," Int. Daily J. for Climate Change, Global Warming and Sustainability, vol. 2, no. 2, pp. 6-9, 2013.

[28] B. K. Rani e A. Govardhan, "Rainfall prediction using Data Mining techniques-A Survey," Comput. Sci. and Inform. Technology, pp. 23-30, 2013.

[29] Shoba G e Shobha G., "Rainfall prediction using Data Mining techniques: A Survey", Int. J. of Eng. and Comput. Sci., vol. 3, no. 5, pp. 6206-6211, 2014.

[30] R. S. Sangari e M. Balamurugan, "A Survey on rainfall prediction using Data Mining," Int. J. of Comput. Sci. and Mobile Applicat., vol. 2, no. 2, pp. 84-88, 2014.

[31] G. Zhang, B. E. Patuwo, e M. Y. Hu, "Forecasting with Artificial Neural Networks:: The state of the art," Int J. of forecasting, vol 14, no. 1, pp. 35-62, 1998.

[32] N. S. Philip e K. B. Joseph, "A Neural Network tool for analyzing trends in rainfall," Comput. & Geosci.,vol. 29, no. 2, pp. 215-223, 2003.

[33] A. Kumar, A. Kumar, R. Ranjan, e S. Kumar, "A rainfall prediction model using artificial neural network," Control and Syst. Graduate Research Colloq. (ICSGRC), pp. 82-87, 2012.

Printed by Books on Demand GmbH, Norderstedt / Germany